T0219734

Light Engineering für die Praxis

Reihe herausgegeben von
Claus Emmelmann, Hamburg, Deutschland

Technologie- und Wissenstransfer für die photonische Industrie ist der Inhalt dieser Buchreihe. Der Herausgeber leitet das Institut für Laser- und Anlagensystemtechnik an der Technischen Universität Hamburg sowie die Fraunhofer-Einrichtung für Additive Produktionstechnologien IAPT. Die Inhalte eröffnen den Lesern in der Forschung und in Unternehmen die Möglichkeit, innovative Produkte und Prozesse zu erkennen und so ihre Wettbewerbsfähigkeit nachhaltig zu stärken. Die Kenntnisse dienen der Weiterbildung von Ingenieuren und Multiplikatoren für die Produktentwicklung sowie die Produktions- und Lasertechnik, sie beinhalten die Entwicklung lasergestützter Produktionstechnologien und der Qualitätssicherung von Laserprozessen und Anlagen sowie Anleitungen für Beratungs- und Ausbildungsdienstleistungen für die Industrie.

Weitere Bände in der Reihe http://www.springer.com/series/13397

Christian Daniel

Laserstrahlabtragen von kubischem Bornitrid zur Endbearbeitung von Zerspanwerkzeugen

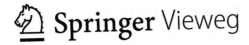

Christian Daniel
Technische Universität Hamburg
Hamburg, Deutschland

ISSN 2522-8447   ISSN 2522-8455   (electronic)
Light Engineering für die Praxis
ISBN 978-3-662-59272-4   ISBN 978-3-662-59273-1   (eBook)
https://doi.org/10.1007/978-3-662-59273-1

Die Deutsche Nationalbibliothek verzeichnet diese Publikation in der Deutschen Nationalbibliografie; detaillierte bibliografische Daten sind im Internet über http://dnb.d-nb.de abrufbar.

Springer Vieweg

Springer Vieweg ist ein Imprint der eingetragenen Gesellschaft Springer-Verlag GmbH, DE und ist ein Teil von
Springer Nature
Die Anschrift der Gesellschaft ist: Heidelberger Platz 3, 14197 Berlin, Germany

Vorwort

Die vorliegende Arbeit entstand während meiner Tätigkeit als wissenschaftlicher Mitarbeiter am Institut für Laser- und Anlagensystemtechnik (iLAS) der Technischen Universität Hamburg (TUHH) sowie bei der LZN Laser Zentrum Nord GmbH (LZN).

Meinem Erstbetreuer Herrn Prof. Dr.-Ing. Claus Emmelmann, Leiter des iLAS und des LZN, danke ich an dieser Stelle herzlich dafür, dass er mir die Möglichkeit gegeben hat das vorliegende Thema zu bearbeiten. Seine Unterstützung und die gewährten Freiräume haben maßgeblich zum Abschluss der vorliegenden Arbeit beigetragen.

Herrn Prof. Dr.-Ing. Wolfgang Hintze, Leiter der Produktionstechnik des Instituts für Produktionsmanagement und -technik, danke ich für die Übernahme des Koreferats und die aufmerksame Durchsicht der Arbeit. Weiterer Dank gilt Herrn Prof. Dr.-Ing. habil. Bodo Fiedler, Leiter des Instituts für Kunststoffe und Verbundwerkstoffe, für die Übernahme des Vorsitzes des Prüfungsausschusses.

Ganz besonders bedanke ich mich bei Frau Prof. Dr.-Ing. Maren Petersen, Leiterin des Fachgebiets Berufliche Fachrichtung Metalltechnik der Universität Bremen und Abteilungsleiterin des Instituts Technik und Bildung (ITB). Durch ihr Feedback und zahlreiche Diskussionen hat sie erheblich zum Gelingen dieser Arbeit beigetragen und auch in turbulenten Phasen immer Zeit für Unterstützung gefunden.

Ich danke zudem den Mitarbeiterinnen und Mitarbeitern des iLAS sowie des LZN für die angenehme und kollegiale Arbeitsatmosphäre. Für den intensiven fachlichen und persönlichen Austausch sind hier besonders hervorzuheben Herr Dr.-Ing. Dirk Herzog, Herr Dr.-Ing. Marten Canisius, Herr Dr.-Ing. Jannis Kranz, Frau Dipl.-Ing. oec. Sina Hallmann, Frau Dr.-Ing. Vanessa Seyda, Herr Dr.-Ing. Christoph Klahn, Herr Dr.-Ing. Eric Wycisk und Herr Dipl.-Ing. Sebastian Schmied. Ein sehr großes Dankeschön geht zudem an Herrn Marco Koslowski und Herrn Marco Haß für die intensive Unterstützung bei allen technischen Belangen. Sie ermöglichten durch ihren unermüdlichen Einsatz das Gelingen zahlreicher Versuche. Ein großer Dank gilt darüber hinaus den Studenten, die diese Arbeit unterstützt haben. Bei den Partnern der MAS GmbH sowie EWAG AG bedanke ich mich für die produktive und angenehme Zusammenarbeit in den gemeinsamen Projekten.

Abschließend danke ich besonders meiner Frau, meinen Kindern und meiner Familie für die jahrelange Unterstützung und Ermöglichung zur Fertigstellung dieser Arbeit. Ohne ihren Rückhalt hätte die Arbeit nicht in dieser Form entstehen können. Ich danke ihr für die geduldige Begleitung der strapazierenden Ausarbeitung in der Endphase.

Zusammenfassung

Zur Schonung von Umwelt und Ressourcen sind CO_2-Emissionen und weitere Treibhausgase aus Energietechnik, industriellen Prozessen und dem Verkehr zu verringern, indem Energie und Treibstoff eingespart werden. Hierzu werden Leichtbauwerkstoffe mit hoher spezifischer Festigkeit wie Stähle hoher Festigkeit und Härte im Automobilbau und in der Energietechnik verwendet. Anfallende Zerspanaufgaben werden in erster Linie durch Werkzeuge mit geometrisch bestimmter Schneide aus polykristallinem kubischem Bornitrid (PCBN) gelöst. Bei der Fertigung von PCBN-Zerspanwerkzeugen eröffnet das Laserstrahlabtragen mit kurzen und ultrakurzen Pulsen neue Potentiale im Vergleich zum konventionellen Schleifprozess. Ein systematisches Vorgehen zur Entwicklung von Laserstrahlabtragprozessen hochharter Werkstoffe, das auf verschiedene Werkstoffe und Anwendungen zielgerichtet anpassbar ist, wurde bisher jedoch noch nicht hergeleitet. Ziel dieser Arbeit ist daher die Erstellung eines methodischen Vorgehens zur effizienten sowie flexiblen Entwicklung von Laserstrahlabtragprozessen mit kurzen und ultrakurzen Pulsen. Dieses wird am Beispiel der Prozessentwicklung zur laserbasierten Fertigung von Zerspanwerkzeugen aus PCBN mit geometrisch bestimmter Schneide zum Drehen oder Fräsen validiert. Die Anwendung des entwickelten Prozesses führt zum abschließenden exemplarischen Einsatz der Werkzeuge bei der Hartzerspanung.

In Kapitel 2 werden die laserbasierte Fertigung von Zerspanwerkzeugen, das Laserstrahlabtragen zur Bearbeitung hochharter Werkstoffe sowie Grundlagen zur Identifizierung einer Prozessführung beim Laserstrahlabtragen vorgestellt. Auf dieser Basis wird in Kapitel 3 die Problemstellung abgeleitet sowie die Struktur der vorliegenden Arbeit entwickelt. Das in Kapitel 4 entwickelte methodische Vorgehen zur Prozessentwicklung wird in Kapitel 5 validiert und setzt sich aus folgenden Schritten zusammen. Bei der Definition von Zielkriterien zur laufenden Überprüfung der Erfüllung der Anforderungen, wird für die exemplarisch durchgeführte Prozessentwicklung zur Laserbearbeitung von PCBN-Werkzeugen auf die Erzielung hoher Qualität fokussiert. Im ersten Schritt des methodischen Vorgehens wird dann die Bearbeitungsaufgabenstellung definiert und auf Basis der Zielkriterien eine PCBN-Sorte mit 90 % CBN-Anteil und keramischem Binder festgelegt. Anschließend erfolgt eine systematische Auswahl des optischen und mechanischen Aufbaus unter Integration einer ps-Strahlquelle mit einer Pulsdauer von $t_p = 10$ ps, einer Wellenlänge von $\lambda = 1.064$ nm sowie einer Fokussieroptik mit Brennweite $F = 163$ mm. Im dritten Schritt wird im Rahmen der Untersuchung der Prozessführung der Einfluss der Fokuslage, der Pulsenergieverteilung sowie der Flächenenergieverteilung auf das Bearbeitungsergebnis charakterisiert. Durch systematisches Vorgehen wird ein Arbeitspunkt zum Schruppen und zur Endbearbeitung für den Fertigungsprozess von PCBN-Werkzeugen bestimmt und im optisch dominierten Ablationsbereich maximale Abtragraten von $Q_A = 10$ mm³/min sowie minimale Oberflächenrauheiten von $S_A = 0{,}52$ μm erzielt. Weiterhin wird auf Basis einer Modellbildung eine Prozesseinstellung für Belichtungsmuster zur Fertigung von Schneidkanten geringer Welligkeit abgeleitet. Abschließend wird in Kapitel 5 die Übertragbarkeit des methodischen Vorgehens zur Entwicklung von Laserstrahlabtragprozessen auf andere Anwendungsfälle anhand mehrerer PCBN-Sorten sowie Hartmetall validiert. Der CBN-Gehalt lässt sich als wichtigster Einflussfaktor auf die Abtragrate und Oberflächenrauheit identifizieren und es erfolgt eine Untersuchung des Einflusses des Schraffur-winkels auf die Oberflächenrauheit. Durch Anpassung des Schraffurwinkels kann bei Hartmetall eine Reduzierung der Oberflächenrauheit um ca. Faktor 3,5 erreicht werden. Mit der Durchführung der Prozessentwicklung zur Laserbearbeitung von PCBN-Werk-zeugen in Kapitel 5 wird das methodische Vorgehen aus Kapitel 4 validiert und die technische Machbarkeit der Herstellung von PCBN-Werkzeugen durch einen Abtrag-prozess mit Pikosekundenlasern aufgezeigt sowie zudem ein Prozessverständnis zum Laserstrahlabtragen von PCBN erlangt. Abschließend werden in Kapitel 6 mittels des abgeleiteten Laserstrahlabtragprozesses erstellte PCNB-Werkzeuge im Zerspaneinsatz erprobt und konventionelle, lasergefertigte und oberflächenstrukturierte Werkzeuge einander gegenüber gestellt. Anhand der Ergebnisse der Zerspanversuche lässt sich die Eignung der laserbearbeiteten Werkzeuge mit sowie ohne funktionale Struktur zum Einsatz in der Hartzerspanung feststellen.

Inhaltsverzeichnis

Abbildungsverzeichnis

Tabellenverzeichnis

Abkürzungsverzeichnis

A1　　　**Formelzeichen**

Symbol	Einheit	Bedeutung
A	[-]	Aspektverhältnis
A_{IA}	[μm^2]	Schnittfläche
a_{ij}	[-]	Matrixelement in der i-ten Zeile und j-ten Spalte einer Matrix
a_p	[mm]	Schnitttiefe
b	[μm]	Soll-Linienbreite
c	[%]	Stoffmengenkonzentration
d	[mm]	Dicke / Schneidkantenstärke
D	[mm]	Durchmesser
d_a	[μm]	Außendurchmesser des Belichtungsmusters
d_f	[μm]	Fokusdurchmesser
$d_{f,100}$	[μm]	Fokusdurchmesser 100 mm Brennweite
$d_{f,163}$	[μm]	Fokusdurchmesser 163 mm Brennweite
d_i	[μm]	Innendurchmesser des Belichtungsmusters
d_{IA}	[μm]	Schnittflächendiagonale
d_K	[μm]	Korngröße / -durchmesser
D_m	[mm]	Werkstückausgangsdurchmesser
d_w	[μm]	Wirkdurchmesser / Spurbreite
E_g	[eV]	Energiebandlücke
E_P	[μJ]	Pulsenergie
F	[mm]	Brennweite
f	[kHz]	Pulsfrequenz / Wiederholrate
F_A	[J/cm²]	Flächenenergiedichte
f_{eff}	[mm]	effektiver Vorschub
f_n	[mm/U]	Vorschub

Symbol	Einheit	Bedeutung
F_P	[J/cm²]	Einzel- / Pulsfluenz
h_A	[µm]	Abtragtiefe
h_p	[µm]	Pulsabtragtiefe
h_s	[µm]	mittlere Schichttiefe
i	[-]	Anzahl Schnitte
K_a	[µm]	arithmetische mittlere Welligkeit / Kantenwelligkeit
KT	[µm]	Kolkverschleiß
L	[mm]	Fasenbreite
L_{WZ}	[m]	Standweg
l	[mm]	Länge
l_m	[mm]	Vorschubweg je Schnitt
l_{spiral}	[mm]	Spiralweg
M^2	[-]	Beugungsmaßzahl
n	[-]	Anzahl Laserbahnen
n_{cyc}	[-]	Zyklusdurchlaufzahl
n_{pas}	[-]	Überfahrten-Zahl
n_s	[-]	Schichtanzahl
P	[W]	mittlere Leistung
PA	[µm]	Pulsabstand
$P\ddot{U}$	[%]	Pulsüberlapp
Q_A	[mm³/min]	Abtragrate
r	[mm]	Schneidkantenradius
R	[mm]	Radius
R_a	[µm]	arithmetischer Mittenrauwert
r_a	[µm]	Außenradius
r_i	[µm]	Innenradius

Symbol	Einheit	Bedeutung
R_m	[N/mm^2]	Zugfestigkeit
R_z	[µm]	gemittelte Rautiefe
r_ε	[mm]	Eckradius
s	[µm]	Soll-Abstand zwischen Linien
SA	[µm]	Spurabstand
S_a	[µm]	arithmetischer Mittenrauwert der Oberflächenrauheit
$S_{a,aver}$	[µm]	durchschnittliche Oberflächenrauheit
$S_{a,orig}$	[µm]	Oberflächenrauheit der Ausgangsoberfläche
s_{kw}	[-]	Auflösungsfaktor
$s_{p,max}$	[µm]	Mittenabstand zwischen zwei Laserpulsen
$SÜ$	[%]	Spurüberlapp
S_z	[µm]	maximale Höhe der Oberflächenrauheit
T	[°C]	Temperatur
t	[s]	Zeit
T_{max}	[°C]	maximale Temperatur
t_P	[ns, ps]	Pulsdauer
U	[s^{-1}]	Drehzahl
V_A	[mm^3]	Abtragvolumen
v_{Achs}	[mm/min]	Achsgeschwindigkeit
VB	[µm]	Verschleißmarkenbreite
VB_{max}	[µm]	maximale Verschleißmarkenbreite
v_c	[m/min]	Schnittgeschwindigkeit
v_s	[mm/s]	Scangeschwindigkeit
z	[mm]	Fokuslage
z_R	[mm]	Rayleighlänge

Symbol	Einheit	Bedeutung
α	[°]	Freiwinkel
β	[°]	Keilwinkel
γ	[°]	Span- / Fasenwinkel
δ	[-]	optische Eindringtiefe
δ_{th}	[-]	Diffusionskoeffizient
Δ_A	[mm]	Rohkörperaufmaß
Δz	[mm]	Abweichung der Fokuslage
$\Delta z_{intersect}$	[µm]	Abtragtiefe einer Laserbahn
Δz_{single}	[µm]	durchschnittliche Abtragtiefe im Schnittbereich
ε	[°]	Eckenwinkel
η	[mm³/kJ]	Abtrageffizienz
Θ	[°]	Strahldivergenzwinkel
κ	[°]	Einstellwinkel
κ_{therm}	[W/mK]	Wärmeleitfähigkeit
λ	[nm]	Wellenlänge
λ_{therm}	[W/cmK]	thermische Leitfähigkeit
ξ	[-]	Absorptionskoeffizient
ρ	[g/cm³]	Dichte
φ	[°]	Schraffurwinkel
ϕ_{th}	[J/cm²]	Abtragschwelle
ω	[rad]	Winkelgeschwindigkeit

A2   **Abkürzungen**

Symbol	Bedeutung
$1D$	eindimensional
$2D$	zweidimensional
$3D$	dreidimensional
Al	Aluminium
Al_2O_3	Aluminiumoxid
AlN	Aluminiumnitrid
B	Bor
B_2O_3	Bortrioxid
CAM	Computer-Aided Manufacturing
CBN	kubisches Bornitrid
CNC	Computerized Numerical Control
Co	Cobalt
CO_2	Kohlenstoffdioxid
cw	continous wave /
CVD	chemical vapor deposition
DIN	Deutsches Institut für Normung
DOE	statistische Versuchsplanung
fs	Femtosekunde
HBN	hexagonales Bornitrid
HM	Hartmetall
HR	Härte nach Rockwell
HRC	Härte nach Rockwell Skala C
HV	Härte nach Vickers
KGV	kleinstes gemeinsames Vielfaches
KXF	Hartmetall Sorte des ISO-Typs K10-K40

Symbol	Bedeutung
N	Stickstoff
$Nd:YAG$	Neodym-dotiertes Yttrium-Aluminium-Granat
Ni	Nickel
$Ni\text{-}Co$	Nickel-Cobalt
ns	Nanosekunde
$PCBN$	polykristallines kubisches Bornitrid
PKD	polykristalliner Diamant
ps	Pikosekunde
PVD	physical vapour deposition
REM	Rasterelektronenmikroskop
sp^2	molekulares Orbital
sp^3	molekulares Orbital
Ti	Titan
$TiAlN$	Titanaluminiumnitrid
$TiB2$	Titandiborid
TiC	Titancarbid
TiN	Titannitrid
UKP	Ultrakurzpuls
UN	United Nations
W	Wolfram
WEZ	Wärmeeinflusszone
$WKZ\,I$	konventionell geschliffenes Werkzeug
$WKZ\,II$	laserbearbeitetes Werkzeug
$WKZ\,III$	laserbearbeitetes Werkzeug mit Oberflächenstrukturierung
WSP	Wendeschneidplatte
x, y, z	kartesische Koordinate

1 Einleitung

Internationale Bestrebungen zur Schonung von Umwelt und Ressourcen umfassen fortwährende Aktivitäten mit dem Ziel der Reduzierung von CO_2-Emmissionen und weiterer Treibhausgasen. So wurde in der UN-Klimakonferenz 2015 beschlossen, die Begrenzung der globalen Erderwärmung auf deutlich unter 2 °C im Vergleich zum vorindustriellen Niveau zu beschränken [1]. Auf europäischer Ebene bestehen Minderungsziele für den Ausstoß von Treibhausgasen um 20 % unter das Niveau von 1990 bis zum Jahr 2020 [2]. Darüber hinaus hat die Bundesregierung im Klimaschutzplan 2050 ein Minderungsziel von 80-95 % festgeschrieben und mit Maßnahmen hinterlegt [3]. Um diese Ziele zu erreichen, beschreibt der Klimaschutzplan Ansätze unter anderem in Bereichen wie der Energietechnik, in industriellen Prozessen und dem Verkehr. CO_2-Emissionen lassen sich verringern, indem Energie und Treibstoff gespart werden. Dies kann z.B. durch Massereduktion in technischen Konstruktionen erreicht werden. Aus diesem Grund erhalten Leichtbauprinzipien Einzug im Sektor der regenerativen Energien, der Luftfahrtbranche aber auch im Automobilbau, insbesondere im Zuge der Entwicklungen in der Elektromobilität. Leichtbau lässt sich einerseits durch konstruktive Maßnahmen wie z.B. Topologieoptimierung [4, 5], andererseits durch den Einsatz von Leichtbauwerkstoffen mit einer hohen spezifischen Festigkeit realisieren. So können bei gleichbleibender Festigkeit geringere Querschnitte und damit geringere Massen eingesetzt werden als bei konventionellen Konstruktionen [6]. In diesem Zusammenhang kommen hochfeste und gehärtete Stähle in Komponenten z.B. im Antriebsstrang und der Karosserie im Automobilbau sowie in Getrieben und Rotornaben von Windenergieanlagen zum Einsatz [7, 8]. Aufgrund der hohen Festigkeitswerte dieser Stähle von über 1.400 N/mm^2 liegt auch in höchst belasteten Bereichen ein im Vergleich zu konventionellen Stählen geringerer Materialbedarf vor [6, 9, 10, 11]. Dadurch kann das jeweilige Bauteilgewicht verringert und folglich Energie bzw. Treibstoff eingespart oder der Wirkungsgrad gesteigert werden. Auch weitere Werkstoffeigenschaften wie die Warmfestigkeit sowie die geringeren Werkstoffkosten im Vergleich zu z.B. Aluminium führen zum vermehrten Einsatz von Stählen hoher Festigkeit [11].

Bei der Fertigung von Leichtbaukonstruktionen und –bauteilen fallen Zerspanaufgaben an. Im Gegenzug zu den positiven Eigenschaften im Einsatzfall stellen Stähle hoher Festigkeit und mit Härten von über 54 HRC jedoch schwer zerspanbare Werkstoffe dar. Zur Zerspanung dieser Stähle werden in erster Linie Werkzeuge mit geometrisch bestimmter Schneide aus polykristallinem kubischem Bornitrid (PCBN) und Hartmetall (HM) eingesetzt. PCBN stellt nach Diamant den zweithärtesten bekannten Werkstoff dar. Werkzeuge aus polykristallinem Diamant (PKD) sind jedoch aufgrund der Eisen-Kohlenstoff-Affinität für die Zerspanung von eisenbasierten Werkstoffen ungeeignet und weisen im Unterschied zu kubischem Bornitrid (CBN) eine zu geringe Warmhärte für die Zerspanung von hochfesten, gehärteten Stählen auf [12, 13]. Aus entsprechenden Bauteilen abgeleitete Anforderungen an die Fertigung führen zu Trends der Zerspanung, die eine Entwicklung von komplexeren Werkzeugen umfassen, einhergehend mit der Zusammenfassung von Fertigungsschritten, sowie die Miniaturisierung der Zerspanwerkzeuge [14, 15, 16].

© Springer-Verlag GmbH Deutschland, ein Teil von Springer Nature 2019
C. Daniel, *Laserstrahlabtragen von kubischem Bornitrid zur Endbearbeitung von Zerspanwerkzeugen*, Light Engineering für die Praxis, https://doi.org/10.1007/978-3-662-59273-1_1

Das Laserstrahlabtragen zur Fertigung von Zerspanwerkzeugen aus hochharten Werkstoffen mit geometrisch bestimmter Schneide weist im Gegensatz zum Schleifen den Vorteil auf, dass es berührungsfrei und somit nahezu verschleiß- und kraftfrei arbeitet. Zudem ist die Werkzeuggeometrie im Laserverfahren nicht an die geometrische Form einer Schleifscheibe gebunden und eine transkristalline Korntrennung bei der Laserbearbeitung vermeidet das Auftreten von beim Schleifen prinzipbedingten Kornausbrüchen [17, 18]. Kommen beim Laserstrahlabtragen kurze und ultrakurze Pulse zum Einsatz, weist das Bearbeitungsergebnis darüber hinaus eine sehr geringe thermische Einflusszone auf, sodass dieses Verfahren zur Fertigung von PCBN-Zerspanwerkzeugen hoher Präzision besonders geeignet ist. Bisher wurde das Laserstrahlabtragen von Zerspanwerkzeugen im Wesentlichen mit Fokus auf die Herstellung von Diamantwerkzeugen betrachtet [19, 20, 21]. Weitere Entwicklungen im Rahmen des Laserstrahlabtragens von Zerspanwerkzeugen beschäftigen sich mit Spezialbereichen der Werkzeugfertigung und wenden dabei statistische und intuitive Ansätze zur Identifizierung einer Prozessführung an [16, 22, 23]. Ein systematisches Vorgehen zur Prozessentwicklung, das auf verschiedene Werkstoffe und Anwendungen zielgerichtet anpassbar ist, wurde bisher jedoch noch nicht hergeleitet.

Ziel dieser Arbeit ist daher die Erstellung eines methodischen Vorgehens zur Entwicklung von Laserstrahlabtragprozessen mit kurzen und ultrakurzen Pulsen. Dieses wird am Beispiel der Prozessentwicklung zur laserbasierten Fertigung von Zerspanwerkzeugen aus PCBN mit geometrisch bestimmter Schneide zum Drehen oder Fräsen validiert. Die Anwendung des entwickelten Prozesses führt zum abschließenden exemplarischen Einsatz der Werkzeuge bei der Hartzerspanung. Die durchgeführte Entwicklung soll einen Beitrag dazu leisten, die Verfahrensgrenzen des Laserstrahlabtragens zu erweitern, indem künftig Zerspanwerkzeuge aus PCBN unter Nutzung der geometrischen Freiheitsgrade der Laserbearbeitung erzeugt werden können und fortan Laserabtragprozesse hoher Qualität sowie Stabilität in kürzerer Zeit und mit verringertem Aufwand abgeleitet werden können.

2 Stand der Technik

Im folgenden Abschnitt werden die Grundlagen für die Entwicklung eines Laserstrahl-abtragprozesses zur Fertigung von Zerspanwerkzeugen aus PCBN mit geometrisch bestimmter Schneide gelegt (Abbildung 2.1b). Dies erfordert zum einen die Beschreibung der Eigenschaften von Zerspanwerkzeugen aus PCBN. Zum anderen werden laserbasierte Verfahren zur Fertigung von Zerspanwerkzeugen aufgezeigt, die bereits in ersten Ansätzen bestehen. Zur Entwicklung von Prozessen zum Laserstrahlabtragen werden zudem Grundlagen der statistischen Versuchsplanung und bestehende intuitive Ansätze zur Identifizierung einer Prozessführung dargestellt.

2.1 Zerspanwerkzeuge

Zum Zerspanen von hochfesten und gehärteten Stählen stellen Werkzeuge aus poly-kristallinem kubischem Bornitrid (PCBN) nach dem Stand der Technik das Mittel der Wahl dar, da PCBN den Belastungen im Zerspanprozess deutlich besser standhält als Zerspanwerkstoffe wie polykristalliner Diamant und Hartmetall und dabei signifikant höhere Zeitspanvolumina ermöglicht [24, 25]. Zugleich lassen sich unter günstigen Zerspanbedingungen hohe Oberflächengüten von $R_a = 0,4 - 0,6$ µm am Bauteil erzeugen, sodass unter Umständen auf einen nachgelagerten Schleifprozess verzichtet werden kann [24, 26, 27].

Der Zerspanwerkstoff PCBN besteht aus zwei Komponenten, dem kornförmigen Bornitrid und einer metallischen bzw. keramischen Bindermatrix [28]. Bornitrid als wesentlicher Bestandteil von Zerspanwerkzeugen aus PCBN kann in verschiedenen Modifikationen hinsichtlich der kristallinen Struktur vorliegen (Abbildung 2.1a). Diese kommen jedoch nicht natürlich vor und werden in einem Hochtemperatur-Hochdruck-Prozess synthetisch hergestellt [25, 28]. Als Ausgangsmaterial dazu dient hexagonales Bornitrid (HBN), welches wiederum aus der Reaktion von Borhalogenoiden und Ammoniak gewonnen wird [29, 30].

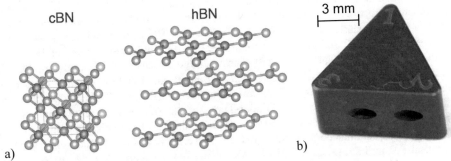

Abbildung 2.1: a) Kubische und hexagonale Kristallstruktur des Bornitrids b) Zerspanwerkzeug aus PCBN

© Springer-Verlag GmbH Deutschland, ein Teil von Springer Nature 2019
C. Daniel, *Laserstrahlabtragen von kubischem Bornitrid zur Endbearbeitung von Zerspanwerkzeugen*, Light Engineering für die Praxis, https://doi.org/10.1007/978-3-662-59273-1_2

Die Analogie zur hexagonalen Kristallstruktur des Bornitrids stellt Grafit beim Kohlenstoff dar, während kubisches Bornitrit in seiner Kristallstruktur der von Diamant entspricht (Abbildung 2.1a). Weitere vorkommende Kristallstrukturen sind die amorphe, wurzitische, rhomboedrische und turbostratische Form. Die Varianten mit relevanter technologischer Bedeutung stellen das hexagonale und kubische Bornitrid dar. Bei atmosphärischem Druck und hohen Temperaturen ab etwa $T = 1.380$ °C wird CBN in HBN umgewandelt. Bei der Phasenumwandlung handelt es sich um einen endothermen Prozess und der Nachweis der kubischen oder hexagonalen Gitterstruktur ist mittels Raman-Spektroskopie möglich [31, 32, 33]. HBN hat eine weiße Farbe und wird als technisches Schmiermittel, für elektrische Isolatoren sowie als Temperaturschutzmaterial für z.B. Hochtemperaturöfen eingesetzt, ist wegen seiner geringen Härte als Zerspanwerkstoff jedoch ungeeignet [34–38]. CBN wird als Schneidstoff eingesetzt und unter Normal-Druck- sowie unter Temperaturbedingungen bis $T = 1.300$°C tritt im Gegensatz zu Diamant eine stabile Phase auf [39]. Kubisches Bornitrid ist der zweithärteste bekannte Werkstoff mit einer Knoophärte von etwa $K_{100} = 4.700$ und weist eine chemische Beständigkeit gegenüber eisenhaltigen Werkstoffen sowie eine sehr gute Oxidationsbeständigkeit bis etwa $T = 1.300$ °C auf [24, 28]. Die Warmfestigkeit von CBN übersteigt die von Diamant bei $T = 1.400$ °C um etwa 80 % und die von Hartmetall um etwa 60 % [40]. Es ist aufgrund einer großen Bandlücke von $E_g \approx 6,2$ eV als Dielektrikum einzustufen und wirkt als elektrischer Isolator [41, 42]. Die thermische Leitfähigkeit liegt im Vergleich zu Al_2O_3 ($\lambda_{therm} \approx 0,35$ W/cmK) und Diamant ($\lambda_{therm} \approx 20$ W/cmK) bei $\lambda_{therm} \approx 13$ W/cmK.

Die genannten Eigenschaften prädestinieren CBN für den Einsatz als Zerspanwerkstoff für die Bearbeitung von eisenhaltigen Werkstoffen. Als polykristallines kubisches Bornitrid (PCBN) finden CBN-Körner in Kombination mit einem Binder insbesondere bei der Zerspanung von gehärteten Stählen, Gusseisenwerkstoffen, Sinterstählen sowie Nickel- und Kobaltbasislegierungen Einsatz [28]. Die Herstellung des Zerspanwerkstoffs PCBN erfolgt in einem Sintervorgang. Durch die gezielte Selektion von CBN-Körnern hinsichtlich Volumenanteil und Größe sowie durch die Auswahl des Binder-Typs lassen sich die Eigenschaften des PCBN-Werkstoffs beeinflussen. Bei PCBN-Sorten für Werkzeuge mit geometrisch bestimmter Schneide liegen typische Korngrößen im Bereich von $D < 20$ μm und der CBN-Gehalt zwischen $c = 40 - 90$ % [43–46]. Als Binder werden keramische Werkstoffe wie Titancarbid (TiC) oder Titannitrid (TiN) und metallische Werkstoffe wie Ti, Al, TiAlN, TiC, TiN, Co und Ni-Co-Legierungen eingesetzt [28]. Die Härte kommerziell verfügbarer PCBN-Sorten schwankt zwischen $HV30 = 2.600 - 4.500$ und ist direkt proportional zum CBN-Gehalt sowie zur Härte des Binders [47, 48]. Die Zähigkeit stellt eine wichtige Eigenschaft insbesondere für die zerspanende Bearbeitung mit unterbrochenem Schnitt dar. Bei PCBN fällt sie geringer aus als bei Hartmetall, nimmt jedoch mit steigendem CBN-Gehalt überproportional zu [28, 47, 48, 49]. Der Einfluss des Binder-Typs auf die Zähigkeit hängt zudem von der Temperatur ab. Bei metallischem Binder ist die Zähigkeit bei niedrigen Temperaturen höher als bei keramischem Binder, jedoch weisen metallische Binder eine geringe thermische Stabilität auf [28]. Auf die Warmhärte hat die Korngröße den größten Einfluss, während der Einfluss von CBN-Gehalt und Bindertyp als geringer einzustufen ist. So weisen feinkörnige Sorten einen geringeren Härteabfall bei hohen Temperaturen auf als grobkörnige Sorten [50]. Grund dafür ist die bei feineren Korngrößen zunehmende Anzahl an Korngrenzen [49]. Bei unterbrochenem Schnitt stellt weiterhin die Wärmeleitfähigkeit eine wichtige Eigenschaft für einen Zerspanwerkstoff dar. Bei hoher

Wärmeleitfähigkeit besteht eine Unempfindlichkeit gegenüber thermischem Schock, sodass es in der Zerspanung zu einer Verringerung der Bildung von Kammrissen und dadurch zu längeren Standzeiten kommt [28, 49]. Der CBN-Gehalt hat den größten Einfluss auf die Wärmeleitfähigkeit. In einem Bereich von $c = 45 - 90$ % verhält sich die Wärmeleitfähigkeit direkt proportional zum CBN-Gehalt und liegt im Bereich zwischen $\kappa_{therm} = 50 - 150$ W/mK bzw. bei bis zu $\kappa_{therm} = 200 - 900$ W/mK für einen CBN-Gehalt von über $c = 90$ % [28, 36, 51]. Die Korngröße und der Bindertyp haben hingegen einen vernachlässigbaren Einfluss auf die Wärmeleitfähigkeit [28]. Somit lässt sich der Einfluss der Größen CBN-Gehalt, Korngröße und Binder-Typ auf die Eigenschaften von PCBN wie in Tabelle 2.1 dargestellt zusammenfassen.

Tabelle 2.1: Eigenschaften von PCBN in Abhängigkeit von CBN-Gehalt, Korngröße und Binder-Typ

		Härte	Zähigkeit	Warmhärte	Wärmeleitfähigkeit
CBN-Gehalt	hoch	+	+	o	+
Korngröße	fein	o	+	+	o / -
Binder	keramisch	+	-	+	o / -
	metallisch	-	+	-	o / +

+ Wert hoch   - Wert niedrig   o geringer Einfluss

Zur Herstellung von Zerspanwerkzeugen aus PCBN werden aus einer PCBN-Ronde einzelne Segmente durch z.B. Drahterodieren oder Laserstrahltrennen herausgeteilt und auf Werkzeuggrundkörper aufgelötet [21, 52, 53]. Alternativ werden auch sogenannte Full-Face-PCBN-Werkzeuge eingesetzt, die gänzlich aus PCBN bestehen [53].

Die Gestaltung von Zerspanwerkzeugen ist maßgebend für den Prozess des Drehens und Fräsens. So beeinflussen die geometrische Form, Fasen und Kantenradien die Spanbildung und -form, die Wärmebildung, den Werkzeugverschleiß und die Oberflächenqualität des Werkstücks [54]. Zerspanwerkzeuge aus PCBN zur Zerspanung von hochfesten und gehärteten Stählen weisen üblicherweise einen negativen Spanwinkel zwischen $\gamma = 0° - 30°$ auf [7]. Auf diese Weise werden die Prozesskräfte gleichmäßig auf die thermisch und mechanisch belastete Spanfläche und Schneidkante verteilt [7]. Übliche Freiwinkel betragen $\alpha = 0 - 20°$ und Kantenradien $r = 0,4 - 10$ µm [7]. Weiterhin sind die Werkzeuge idealerweise so zu gestalten, dass ein möglichst langsamer Freiflächenverschleiß als dominierende Verschleißerscheinungsform erzielt wird [28]. Daraus resultieren Anforderungen an die Auswahl der PCBN-Sorte für den jeweiligen Zerspananwendungsfall. Hinsichtlich der bruchmechanischen und tribologischen Beanspruchung Oberflächenzerrüttung, Abrasion und Adhäsion sollte das PCBN über einen hohen CBN-Gehalt, eine geringe Korngröße und einen metallischen bzw. keramischen TiN- oder TiC-Binder verfügen [28]. Tritt im Zerspanprozess tribochemische Reaktion als Verschleißmechanismus auf, ist hingegen idealerweise ein niedriger CBN-Gehalt sowie eine große Korngröße und ein TiN- oder TiC-Binder anzustreben [28].

Die Qualität von Zerspanwerkzeugen bestimmt die Leistungsfähigkeit im Zerspanprozess. Qualitätsmerkmale von Zerspanwerkzeugen sind in der Einhaltung der definierten geometrischen Parameter wie Frei-, Keil- und Span- bzw. Fasenwinkel sowie Kantenkontur bzw. -radius zu sehen [55, 56, 57]. Zudem ist eine thermische Beeinflussung im Fertigungsprozess der Zerspanwerkzeuge als Qualitätsmerkmal für eine hohe Verschleißfestigkeit der Werkzeuge zu sehen und daher zu minimieren [55]. Darüber hinaus stellen auch Gestaltabweichungen wie die Welligkeit und Mikrostrukturierung der Schneidkante Qualitätsparameter der Werkzeuge dar und sind unmittelbar mit dem Werkzeugverschleiß und dem Zerspanergebnis verknüpft [57, 58]. Gleiches gilt für die aus der Werkzeugfertigung resultierende Oberflächenrauheit an Freifläche und Spanfläche [58]. Oberflächen an konventionellen Werkzeugen weisen eine Rauheit von $S_a = 0{,}4 - 1{,}6$ µm auf [59, 60]. Eine Reduzierung der Kantenwelligkeit und Oberflächenrauheit bewirkt eine Minimierung von lokalen Spannungsspitzen und damit eine Steigerung der Kantenfestigkeit sowie einen verbesserten Spanablauf. Eine so stabilisierte Schneide führt zu einer Erhöhung der Standzeit und Prozesssicherheit der Werkzeuge sowie zu einer besseren Werkstückqualität [58].

Hinsichtlich des Verschleißes an Zerspanwerkzeugen tragen Mechanismen wie Adhäsion, Abrasion, tribochemische Reaktionen und Oberflächenzerrüttung zur Abnutzung des Werkzeugs bei [12]. Dadurch hervorgerufene Verschleißformen sind z.B. in Kolk- und Freiflächenverschleiß sowie der Bildung von Aufbauschneiden zu sehen [61]. Diese bilden die wichtigsten relevanten Verschleißformen bei der Zerspanung mit PCBN [28]. Während Kolkverschleiß aus einer Kombination von Druck und Temperatur entsteht, bildet sich Freiflächenverschleiß bedingt durch Abrasionseffekte, z.B. durch Partikel besonders hoher Härte im Werkstück [13]. Darüber hinaus führt Adhäsion von zerspantem Werkstoff an der Schneidkante zur Bildung einer Aufbauschneide im Zerspanprozess, was die Oberflächenqualität des Werkstücks negativ beeinflussen kann [12, 26]. Die Verschleißursachen Adhäsion, Abrasion, Diffusion und Verzunderung sind bei der Zerspanung abhängig von der Schnitttemperatur. Je höher die Temperatur ist, desto überproportional mehr tragen diese Effekte zum Verschleiß bei [12]. Eine Reduktion des Verschleißfortschritts lässt sich daher durch Verringerung der thermischen und mechanischen Lasten erreichen [12].

In der Zerspanung werden PCBN-Werkzeuge z.B. bei der Bearbeitung von stählernen Komponenten hoher Festigkeit und Härte aus dem Motor, Getriebe- und Antriebsstrang sowie Karosseriekomponenten eingesetzt [7, 9, 28, 54, 62]. Probleme bei der Zerspanung dieser Stähle entstehen dadurch, dass es bei Temperaturen von $T = 850°C$ in Kombination mit Werkstückhärten von 54 bis über 62 HRC zu schnellem Verschleiß der Werkzeuge kommt [63]. Typische Standwege bis zum Werkzeugausfall liegen bei niedrigen Schnittgeschwindigkeiten von $v_c = 90 - 400$ m/min bei $L_W \approx 100 - 1.000$ m, bei hohen Schnittgeschwindigkeiten von $v_c = 400 - 1.600$ m/min bei einem Standweg von $L_{WZ} \approx 1 - 3$ m [26, 64, 65, 66]. Der Werkzeugverschleiß tritt dabei durch Mechanismen wie Abrasion, Adhäsion, Diffusion und chemische Reaktionen ein [67]. Insbesondere die hohe Temperatur in der Zerspanzone hat einen wesentlichen Einfluss auf den Verschleiß [12]. Sie begünstigt Adhäsions- bzw. Anschweißungseffekte zwischen Werkzeug und Spanpartikeln sowie Diffusionsvorgänge und chemische Reaktionen im Kontaktbereich zwischen Werkzeug und Bauteil. Adhäsionseffekte können bei der Zerspanung zudem die erzielbaren Oberflächengüten negativ beeinflussen [12, 26]. Die Oberflächengüte ist abhängig vom Verschleiß während der Zerspanung und lässt sich somit ebenfalls auf einen Temperatureinfluss bei der Bearbeitung zurückführen [26]. Die Schneidkante hinterlässt ihr Profil auf der Werkstückoberfläche und erzeugt dadurch

Rauheitswerte zwischen $R_a = 0,4$ µm bei einem neuen Werkzeug und $R_a = 1,6$ µm bei einem verschlissenen Werkzeug [26, 68]. Für die Einhaltung von engen Oberflächen-toleranzanforderungen von $\Delta R_a = \pm 0,1$ µm ist jedoch ein stabiles Bearbeitungsergebnis erforderlich.

Zusammenfassend lässt sich feststellen, dass konventionelle Zerspanwerkzeuge einem schnellen Verschleiß unterliegen und hinsichtlich ihrer Standzeit stark streuen und daher den steigenden Anforderungen aufgrund des vermehrten Einsatzes hochfester und harter Werkstoffe in technischen Konstruktionen nicht mehr genügen. Daraus entsteht ein Bedarf nach weiterentwickelten Werkzeugen für anspruchsvolle Zerspananwendungen. In diesem Zusammenhang erhält der Laser Einzug in die Fertigung von Zerspanwerk-zeugen. [16, 18, 19, 22, 69, 70] Erste Arbeiten zum Laserstrahlabtragen haben sich mit der Fertigung von Diamantwerkzeugen beschäftigt [21, 70]. Bei der Herstellung dieser Werkzeuge werden die Vorteile der Lasertechnologie genutzt, wobei eine Schneid-kantenqualität erzeugt werden kann, die gleichgut oder besser im Vergleich zu kon-ventionellen Werkzeugen ist. Eine bessere Qualität lässt sich z.B. dadurch erzielen, dass das Auftreten von Kornausbrüchen vermieden wird und so eine geringe Kantenrauheit und –welligkeit entsteht [70]. Zudem ermöglicht die Laserbearbeitung die flexible Realisierung von komplexen geometrischen Gestalten und damit einhergehend z.B. die Fertigung von individuell angepassten Schutzfasen, vielfältigen, dreidimensionalen Spanleitstufen oder Schneidkanten mit variierendem Spanwinkel [21].

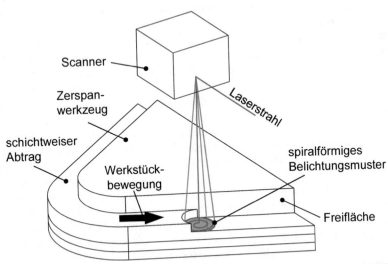

Abbildung 2.2: Prinzip der Laserbearbeitung von Zerspanwerkzeugen, nach [21]

Grundsätzlich erfolgt die Laserbearbeitung von Zerspanwerkzeugen nach dem in Abbildung 2.2 dargestellten Prinzip, welches für die Untersuchungen in der vorliegenden Arbeit eingesetzt wird. Bei einer so durchgeführten Bearbeitung der verschiedenen Funktionsflächen an Zerspanwerkzeugen, erfolgt die Bearbeitung der Freifläche in lateraler Laserstrahlrichtung und die Bearbeitung der Spanfläche in axialer Strahl-richtung. Im Zuge der Fertigung der Freifläche an Schneidkanten wird ein Belichtungs-

muster mittels der Strahlablenkeinheit kontinuierlich wiederholt belichtet. Als über-
lagerte Bewegung wird der Werkzeugrohkörper unter der Belichtungsfläche hinweg
bewegt und der Abtragvorgang erzeugt dabei schichtweise die Schneidkante
(Abbildung 2.2). Das Schraffurmuster wird eingesetzt, da bei Bearbeitung nur mit dem
Laserfokusdurchmesser von $d_f \approx 15 - 30$ µm eine vergleichbar schmale Bearbeitungs-
fuge entstehen würde. Bei einem Aspektverhältnis von Bearbeitungsfugenbreite zu –tiefe
von $A \approx 1{:}5 - 1{:}10$ kommen Abtragprozesse aufgrund der Abschirmung der Strahlkaustik zum Erliegen [21, 71]. Somit wäre an der Schneidkante in Freiflächenrichtung
eine Dicke von maximal $d \approx 0{,}25$ mm fertigbar, während übliche Zerspanwerkzeuge eine
Dicke von $d > 3$ mm aufweisen. Das Schraffurmuster dient somit einer Verbreiterung der
Schnittfuge, um ausreichend große Bearbeitungstiefen zu erzielen. Typische Be-
lichtungsgeschwindigkeiten liegen in einem Bereich zwischen $v_s = 0{,}5 - 6$ m/s, während
typische Geschwindigkeiten der mechanischen Achsen im Bereich zwischen
$v_{achs} = 20 - 200$ mm/s liegen [21].

In der Arbeit von Dold zur laserbasierten Fertigung von Diamantwerkzeugen wurden
Belichtungsmuster hinsichtlich ihrer Eignung zur Erstellung von Schneidkanten be-
trachtet, wobei zunächst grundlegende geometrische Formen wie Rechteckmuster,
Hilbertkurven und Spiralformen untersucht wurden [21]. Während bei einer Vielzahl
von Belichtungsmustern abrupte Beschleunigungsbefehle der Ablenkspiegel im
Laserscanner auftreten, wurde bei einer spiralförmigen Belichtung ein sinusförmiges
Geschwindigkeitsprofil der Scannerachsen beschrieben. Da Belichtungsmuster mit
abrupten Beschleunigungsbefehlen zu einer verringerten Kantenqualität und
Produktivität führten, wurde ein Belichtungsmuster in Form einer archimedischen
Spirale als vorteilhaft identifiziert. Zusammenfassend wurden in der Arbeit von Dold
Untersuchungen zum Einfluss von Prozessstellgrößen auf die Werkzeugparameter
Schneidkantenradius und Freiwinkel durchgeführt. Wesentliche untersuchte Stellgrößen
waren Pulsenergie, Brennweite, Fokuslage, Pulsfrequenz sowie die Geometrieparameter
der spiralförmigen Belichtungsstrategie. Die Untersuchung für PKD-Werkzeuge fand
auf experimenteller Basis statt. Der Einfluss von Stellparametern der Belichtungsstrategie auf die Welligkeit der Schneidkante wurde jedoch nicht untersucht, da für
PKD-Werkzeuge zur Zerspanung von kohlenstofffaserverstärkten Kunststoffen (CFK)
der Kantenradius und Freiwinkel als wichtigste Werkzeugparameter identifiziert wurden.
Durch Variation der Stellgrößen konnte der Kantenradius im Bereich $r = 3 - 40$ µm und
der Freiwinkel im Bereich $\alpha = 7 - 17\,°$ beeinflusst werden [21]. Für die Endbearbeitung
von PKD-Werkzeugen erzielten Dold et al. in weiteren Untersuchungen eine Prozesszeit
von $t = 6{,}5$ min unter Einsatz einer Laserstrahlquelle mit einer maximalen mittleren
Leistung von $P = 50$ W und einer Pulsdauer im Pikosekundenbereich, während ein konventioneller Schleifprozess eine Prozesszeit von $t = 8$ min aufwies [17]. Eine REM-Analyse belegte Kornausbrüche beim PKD im konventionellen Schleifprozess, was bei der
Laserbearbeitung vermieden werden konnte. So konnte bei einer PKD-Sorte mit einer
Korngröße von $d_K = 25$ µm eine scharfe Schneidkante realisiert werden [17]. Im Einsatz
der Werkzeuge bei der Zerspanung von CFK zeigt sich ein vergleichbares Verhalten
hinsichtlich der Zerspankräfte bei der Gegenüberstellung von konventionell geschliffenen sowie laserbearbeiteten Zerspanwerkzeugen [17]. Als weiterer Ansatz zur PKD-
Werkzeugerstellung schlagen Brecher et al. einen zweistufigen Prozess vor, bestehend
aus einem Schruppprozess mittels kurzgepulster Laserstrahlung mit einer Pulsdauer von
$t_P = 200$ ns und einer Pulsenergie von $E_P = 1$ mJ, gefolgt von einem Schleifprozess zur
Endbearbeitung der Werkzeuge [72]. Der Laserprozess wies eine hohe Abtragrate be-

dingt durch eine Schichttiefe von $h_s \approx 13$ µm, jedoch auch gleichzeitig eine hohe Oberflächenrauheit von $R_z = 2,7$ µm auf. Die Oberflächenanforderung von $R_z < 1$ µm wurde durch einen Schleifprozess im zweiten Schritt realisiert. Die Prozesskombination ermöglichte eine Prozesszeit von $t = 3,5$ min und somit einen höheren Durchsatz beim Schleifen [72]. Die Untersuchungen von Dold sowie Brecher et al. beschränken sich auf die Laserbearbeitung von PKD.

Laserbearbeitete Werkzeuge aus PCBN wurden von Pacella untersucht [16]. Der Fokus hierbei lag auf der Fertigung eines Abrasiv-Arrays in PCBN mit geometrisch bestimm-ten Mikrokeilen, die in einem Spezialverfahren zum Einsatz kommen können, wobei Werkzeug oder Werkstück rotieren. Das Verfahren weist dabei ein dem Drehen ähnliches kinematisches Prinzip auf, das Werkzeug besteht jedoch im Unterschied zum Drehen einer geometrisch bestimmten Schneide, sondern aus einer Vielzahl von geo-metrisch bestimmten Mikroschneidkeilen. Die Arrays setzen sich aus regelmäßig ver-teilten Schneidkeilen mit einer Breite von ca. 300 µm und einer Höhe von 100 µm zusammen, die mittels Laserstrahlung gefertigt wurden. Die geometrischen Toleranzen betrugen für den Kantenradius r = 10 µm ± 5 µm sowie für den Spanwinkel $\gamma = 6°$ und Freiwinkel $\alpha = 29$ mit Winkeltoleranzen von ± 3° [16]. Diese Toleranzgrößenordnungen sind jedoch für Zerspanwerkzeuge zum Drehen üblicherweise zu groß [57, 73]. Eine höhere Genauigkeit lässt sich durch die oben beschriebene Überlagerung von optischer und mechanischer Positionierung erreichen. Während die optischen Achsen von Scannersystemen üblicherweise mit einer Präzision von etwa ± 5 µm positionieren kön-nen, liegt die Präzision von mechanischen Achsen im Bereich kleiner 1 µm [74, 75]. In der Untersuchung zur Fertigung der Abrasiv-Arrays erfolgte die Bearbeitung der Mikro-keile jedoch ausschließlich mittels Laserstrahlablenkeinheit. Eine Übertragung auf rota-tionssymmetrische Werkzeuge wurde zudem nicht untersucht. Weiterhin wurden laser-bearbeitete Flächen an PCBN-Ronden von Breidenstein et al. einer Untersuchung unter-zogen. An eine PCBN-Ronde wurde eine Spanfläche von einer Breite von $L = 90$ µm mittels Laserstrahlung im Nanosekundenbereich angebracht [76]. Die Schneidkante selbst wurde jedoch konventionell bearbeitet und weist einen Kantenradius von r = 40 µm sowie einen Spanwinkel von $\gamma = 25°$ auf. Die laserbearbeitete Fläche befindet sich um einen Abstand von $l = 60$ µm von der Schneidkante zurückgesetzt und weist eine thermische Beeinflussung unter Auftreten von HBN und Titanborid auf [76]. Die Bearbeitungsergebnisse in der Zerspanung zeigen ein ähnliches Verhalten im Vergleich zu einer konventionellen Referenzschneidkante auf, mit einer Tendenz zu einer um $t = 1 - 2$ min längeren Standzeit bei der laserbearbeiteten Kante. Die Ursache hierfür wird im Auftreten der Schicht aus Titanborid vermutet. Die festgestellten Verschleiß-mechanismen bei der Zerspanung waren in abrasivem Verschleiß der Freifläche sowie in Kolkverschleiß der Spanfläche bedingt durch Martensit- und Karbidpartikel im zer-spanten Werkstück zu sehen [77].

Eine weitere Anwendung, bei der die laserbasierte Fertigung von Zerspanwerkzeugen bisher zum Einsatz kam, ist die Herstellung von metallischen Schleifstiften, die mit CBN-Körnern bestückt sind [22]. Die Werkzeuge mit geometrisch unbestimmter Schneide wurden dabei mittels eines Laserschneidprozesses bearbeitet. Die Schleifwerk-zeuge bestehen aus in Metallhybrid-Matrix gebundenen CBN-Körnern mit einem Durchmesser von $D \approx 0,1 - 0,15$ mm [78]. Im Unterschied dazu weisen PCBN-Werk-stoffe für Zerspanwerkzeuge mit geometrisch bestimmter Schneide eine Korngröße von $D < 20$ µm sowie stark unterschiedliche Binderwerkstoffe auf [28]. Weiterhin haben

Walter et al. in der Untersuchung zur Herstellung von Schleifstiften unter Nutzung der erweiterten geometrischen Freiheitsgrade bei der Laserbearbeitung Oberflächenstrukturen in mit CBN bestückte Schleifstifte eingebracht [79]. Die Strukturen bestanden aus Einkerbungen in der Größenordnung von $b = 0{,}12$ mm Nutbreite und $h_g = 0{,}05$ mm Nuttiefe. Die Nuten wurden mit dem Ziel der Reduktion der Kräfte beim Schleifen eingebracht und konnten diese um $25 - 50$ % reduzieren [79].

Bei Zerspanwerkzeugen mit geometrisch bestimmter Schneide wurden Oberflächenstrukturen ebenfalls bereits umgesetzt. So wurden an Zerspanwerkzeugen aus Hartmetall zum Drehen und Fräsen von Stählen (SAE1045, AlSi440C) und Aluminiumlegierungen (A5052, A6061-T6) Strukturen bestehend aus kalottenförmigen Vertiefungen sowie linienförmige Oberflächenstrukturen im Mikrometer- und Nanometerbereich mittels nano- und femtosekundengepulsen Laserstrahlquellen mit einer Wellenlänge von $\lambda = 780 - 1.064$ nm realisiert [18, 80–84]. Bei der Zerspanung kommt es zum tribologischen Kontakt zwischen Werkstück und Werkzeug, wobei durch eine Oberflächenstruktur der Kontakt zwischen den tribologischen Körpern beeinflusst wird. So können Oberflächenstrukturen zu einer Reduktion der Kontaktfläche führen, was die Reibung vermindern und in Konsequenz Zerspankräfte und Verschleiß im Vergleich zu konventionellen Werkzeugen verringern kann [80, 84, 85]. Neben abrasivem Verschleiß tritt auch Adhäsion auf, sodass Strukturen auch die Ausbildung einer Aufbauschneide beeinflussen können [18]. Untersuchungen von Kümmel et al. zeigen, dass Strukturen bestehend aus grubenförmigen Vertiefungen den Adhäsionseffekt vergrößerten, während linienförmige Strukturen diesen verringerten und dadurch bessere Werkstückoberflächen bei der Zerspanung erzielt werden konnten [18]. Weiterhin zeigten linienförmige Strukturen in Untersuchungen von Kawasegi et al. mit Orientierung rechtwinklig zur Richtung des Spanflusses die geringste Reibung bedingt durch eine Reduktion der Kontaktfläche. Strukturen parallel zur Richtung des Spanflusses hingegen vergrößerten Abrasions- und Adhäsioneffekte und riefen eine unerwünschte wellige Spanform hervor [80]. Eine geringe Reibung tritt bei hohen Strukturdichten, d.h. bei geringen Strukturdimensionen und -perioden auf [86].

Zusammenfassend zeigen die dargestellten Untersuchungen einen Einzug des Lasers in die Fertigung von Zerspanwerkzeugen auf. So wurden mittels Laser Zerspanwerkzeuge mit geometrisch bestimmter Schneide aus Diamantwerkstoffen erstellt. Aus PCBN wurden Werkzeuge mit geometrisch bestimmter Schneide in Form von speziellen Mikroschneidkeilen erstellt oder es wurden einzelne Teilflächen an Werkzeugen gefertigt, wobei in letzterem Fall jedoch keine Schneidkanten als wesentliche funktionale Zone des Werkzeugs bearbeitet wurden. Ganzheitlich lasergefertigte Werkzeuge mit geometrisch bestimmter Schneide aus PCBN, die zum Drehen oder Fräsen eingesetzt werden können, stellen daher eine Lücke im Stand der Wissenschaft dar und die Leistungsfähigkeit vollständig laserbearbeiteter PCBN-Werkzeuge ist unbekannt.

Weiterhin hat sich für die Laserbearbeitung von Freiflächen an Zerspanwerkzeugen die laterale Laserbearbeitung durchgesetzt. Hierbei kommt eine Belichtungsstrategie zum Tragen, die die Kantenqualität der Schneidkante beeinflusst. Eine spiralförmige Belichtungsgeometrie hat sich als vorteilhaft erwiesen und konnte zur Beeinflussung des Schneidkantenradius genutzt werden. Zudem stellt die Kantenwelligkeit ein wichtiges Qualitätskriterium für Zerspanwerkzeuge dar. Der Einfluss von Stellparametern der Belichtungsstrategie auf die Kantenwelligkeit wurde bisher jedoch nicht erforscht und wird daher in der vorliegenden Arbeit systematisch untersucht.

Spanflächen hingegen werden axial mittels Laserstrahlung bearbeitet. So ist z.B. die Erstellung von Schutzfasen, Spanleitstufen und die Oberflächenstrukturierung der Zerspanwerkzeuge möglich. In Untersuchungen bei Werkzeugen aus Hartmetall hat sich gezeigt, dass die Funktionalisierung der Spanfläche durch Oberflächenstrukturen einen positiven Einfluss auf den Spanfluss haben kann und dadurch z.B. die Zerspantemperatur senken kann. Auch brachten die Strukturen Vorteile bei der Zerspanung in Form der Reduzierung von Zerspankräften, Adäsion und Verschleiß was zu einer Verlängerung des Standwegs führen kann. Bei kubischem Bornitrid wurden Oberflächenstrukturen bisher nur an Zerspanwerkzeugen mit geometrisch unbestimmter Schneide mittels Laser angebracht und so Schleifstifte gefertigt. Für Zerspanwerkzeuge aus PCBN ist festzuhalten, dass Strukturen, die z.B. die Reibung oder den Verschleiß vermindern und die Temperatur senken, nach dem Stand der Technik bisher nicht realisiert worden sind. Sie sind insbesondere bei Werkzeugen zur Zerspanung mit geometrisch bestimmter Schneide nicht realisiert worden. Während Oberflächenstrukturen positiven Einfluss auf konventionelle Drehprozesse zeigen, wurde der Einfluss beim Hartdrehen zudem bisher nicht untersucht.

Aus den dargestellten Untersuchungen wird weiterhin deutlich, dass die laserbasierte Fertigung von Zerspanwerkzeugen eine hohe Qualität auch bei anspruchsvollen Problemstellungen bietet und erweiterte geometrische Freiheiten gegenüber konventionellen Fertigungsmethoden eröffnet. Somit wird die Entwicklung neuer Werkzeuge zur Lösung der Probleme in der Zerspanung ermöglicht. Bisherige Untersuchungen betrachten jedoch einzelne Detailbereiche und es wurde noch keine anwendungsübergreifende Untersuchung zur Laserbearbeitung von Zerspanwerkzeugen durchgeführt. Daher liefert die vorliegende Arbeit einen Beitrag zur Erweiterung der Prozess- und Anwendungsgrenzen bei der Laserbearbeitung von Zerspanwerkzeugen.

2.2   Laserstrahlabtragen

Beim Laserstrahlabtragen wird ein fokussierter Laserstrahl auf die Oberfläche des zu bearbeitenden Bauteils gerichtet. Durch die einwirkende Energie gepulster Laserstrahlung wird lokal eine Energiedichte oberhalb der Abtragschwelle erzeugt, sodass ein Abtrag durch Verdampfen erzielt wird [87]. Wird dieser Vorgang wiederholt und räumlich versetzt durchgeführt, kommt es zu einem flächigen bzw. volumenförmigen Materialabtrag. Auf diese Weise lassen sich z.B. Kavitäten, Bohrungen, optische oder funktionale Strukturen sowie Dünnfilmapplikationen und Feinschnitte erzeugen [69, 88–93]. Laserstrahlabtragprozesse werden häufig anhand der erzielten Bearbeitungsqualität und –zeit beurteilt [89, 90, 94, 95]. Auf Stellgrößen, die das Bearbeitungsergebnis dementsprechend beeinflussen, wird daher im Folgenden eingegangen. Hierzu wird der Stand der Technik zum Laserstrahlabtragen und insbesondere zur Ablation von harten und hochharten Werkstoffen im Hinblick auf Einflussgrößen wie Wellenlänge, Pulsdauer, Laserleistung, Pulsfrequenz, Belichtungsstrategie und Fokuslage dargestellt.

Zur Bearbeitung von Werkstücken wird Laserstrahlung im Abstand der Brennweite F von der F-Θ-Fokussierlinse auf der Werkstückoberfläche fokussiert. Dabei ist der Divergenzwinkel Θ, der Fokusdurchmesser d_f, die Rayleighlänge z_R und die Intensitätsverteilung im Fokus von der Brennweite abhängig (Abbildung 2.3) [94, 96]. Eine kürzere Brennweite bedingt einen größeren Divergenzwinkel, eine kürzere Rayleighlänge und der Laserstrahl ist auf einen kleineren Durchmesser fokussierbar [97]. Durch die auf eine kleinere Fläche konzentrierte Strahlenergie steigt die Spitzenintensität im Intensitätsprofil. Der Fokusdurchmesser nach der Fokussierlinse ist durch folgenden Zusammenhang beschrieben und dabei von der Strahlqualität bzw. der Beugungsmaßzahl in Bezug zum idealen Gaußstrahl ($M^2 = 1$) abhängig [97]:

$$d_f = M^2 \cdot \frac{4\lambda}{\pi} \cdot \frac{1}{\Theta}$$

(2.1)

Die Rayleighlänge z_R beschreibt den Abstand von der Strahltaille, an dem die Querschnittsfläche des Strahles doppelt so groß ist, wie in der Fokusebene [97]. Die doppelte Rayleighlänge stellt ein Maß für den Bereich mit näherungsweise paralleler Strahlpropagation dar, sodass innerhalb dieser Grenzen ein Laserprozess in der Regel stabil abläuft und daher als tolerierter Bereich bzgl. einer möglichen Abweichung der Fokuslage von der Werkstückoberfläche zu sehen ist [94]. Abweichungen der Fokuslage von der Werkstückoberfläche können bedingt durch das Werkstück in Form von Unebenheiten, Krümmungen oder maßlichen Abweichungen der Werkstückgeometrie auftreten.

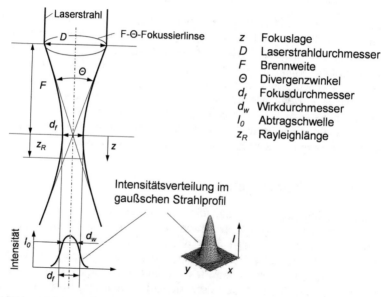

Abbildung 2.3: Strahlkaustik in Abhängigkeit der Brennweite, nach [94, 96]

Weiterhin wird die Fokuslage z definiert als die Lage der Fokusebene relativ zur Werkstückoberfläche. Somit entspricht der Wert $z = 0$ mm der Fokus-Nulllage auf der Werkstückoberfläche in Bezug auf den jeweils bevorstehenden Belichtungsvorgang. Bei einer positiven Fokuslage befindet sich der Fokus oberhalb der Werkstückoberfläche, während er bei einer negativen Fokusebene innerhalb des Werkstücks liegt (Abbildung 2.4).

Der Einfluss der Fokuslage auf industrielle Laserprozesse wurde bereits für Anwendungen wie z.B. das Laserbohren untersucht. So steigerten z.B. Ho et al. die Effizienz beim Laser-Perkussion-Bohren um 47%, indem gezielt Defokussierung eingesetzt wurde [98]. Chang und Tu stellen fest, dass die fokussierte Bearbeitung keine optimale

Einstellung für alle Anwendungen der gepulsten Ablation sei, da die Laserintensität in der Strahlmitte signifikant höher ist als an den Rändern [99]. Somit wird durch Defokussierung beim Laserstrahlabtragen die mittlere Leistung gleichmäßiger über den Strahlquerschnitt verteilt [95]. Eine bessere Abtragqualität und Effizienz wird erreicht, da eine größere und einheitlichere Fläche bearbeitet wird und es zu weniger Wärmeschäden kommt [100]. Genauer betrachtet stellen Gao et al. jedoch fest, dass bei negativer Fokuslage die Energie gleichmäßiger über den Strahlquerschnitt verteilt wird als in der Fokus-Nulllage, während die Energieverteilung bei einer positiven Fokuslage zu den Rändern des Strahls hin stark abfällt [101]. Diesen Zusammenhang bestätigen auch Wang et al. für die Bearbeitung mit Femtosekundenlasern und stellen fest, dass sich bei der Bearbeitung mit dem konvergenten Teil des Laserstrahls ein V-förmiger Bahnquerschnitt ausbildet, während bei der Bearbeitung mit dem divergenten Strahlanteil ein U-förmiger Bahnquerschnitt zu beobachten ist [102].

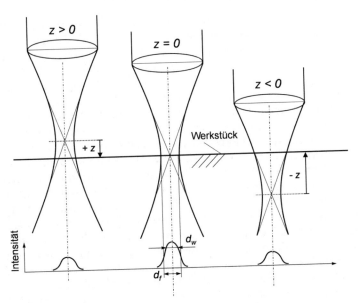

Abbildung 2.4: Definition der Fokuslage

In Bezug auf eine Bearbeitung in Fokus-Nulllage stellt Weikert fest, dass für die Bearbeitung von Grauguss und Stahl mit Pulsdauern im Pikosekundenbereich die Nutbreite minimal ist, wenn der Fokus auf die Oberfläche gelegt wird [103]. Bei defokussierter Bearbeitung nimmt die Nutbreite zu. Weikert empfiehlt daher die Bearbeitung mit pikosekundengepulster Laserstrahlung von Grauguss und Stahl in der Fokus-Nullebene. Zudem schließt Weber für ihre Untersuchungen, dass eine Bearbeitung außerhalb des Fokus zu undefinierten Ablationskonditionen und schlechter Qualität aufgrund der Variation der Leistungsdichte führt. In diesem Zusammenhang wurde beobachtet, dass unerwünschte Löcher in der Werkstückoberfläche insbesondere bei stark defokussierter Bearbeitung entstehen [96]. Eine Fokusverschiebung wirkt sich zudem auf die jeweils erzielte Abtragrate aus. Charakteristische Verläufe der Abtragrate über die Fokuslage weisen eine Parabelform mit Maximum in der Fokus-Nulllage oder eine M-Form mit zwei Maximal außerhalb der Fokus-Nulllage auf [104, 105]. Die Bildung eines M-Profils wurde von Diego-Vallejo et al. bei unterschiedlichen Werkstoffen, darunter Stahl und Glas, beobachtet. Hierbei wird im Fokus die Absorptionsfähigkeit des Werkstoffes überschritten, was sich für hohe Leistungen und Pulsüberlappe verstärkt [104]. Andere Laserprozesse hingegen weisen keinen M-förmigen Verlauf der Abtragrate, sondern nur ein Maximum in Fokus-Nulllage auf [105, 106]. In der Fokus-Nulllage liegt kein Leistungsüberschuss vor, sodass bei Defokussierung die Intensität um so viel geringer als in der Fokusnulllage ist, dass es zu keinem vermehrten Volumenabtrag kommt und in Folge die Abtragrate für jede Fokuslage außerhalb der Fokus-Nulllage sinkt. Zusammenfassend weisen bisherige Untersuchungen widersprüchliche Ergebnisse auf im Hinblick darauf, wie die Fokuslage idealerweise festzulegen ist. Dies führt zu dem Schluss, dass die Fokuslage jeweils hinsichtlich des gegenständlichen Prozesses in seiner Zusammensetzung aus Strahlquelle, Prozessparametern und Werkstoff zu betrachten ist und in Folge dessen eine bestmögliche Einstellung zu wählen ist.

Neben der Abtragrate, die eine zeitbezogene Kenngröße verkörpert, stellt die Oberflächenrauheit eine der am häufigsten charakterisierten Qualitätskenngrößen beim Laserstrahlabtragen dar [60, 90, 95, 107–112]. Außer von energetischen Laserparametern wird diese auch von der Belichtungsstrategie beeinflusst [95, 107]. Beim Laserstrahlabtragen von Volumenkörpern wie z.B. Spanleitstufen findet der Abtrag in Form eines schichtweisen flächigen Abtrags statt. Der Schraffurwinkel beschreibt den Winkel zwischen Laservektoren zweier aufeinander folgender Schichten. Pro Schicht wird die jeweilige Querschnittsfläche des Volumenkörpers mit parallelen Laservektoren ausschraffiert, sodass die Ausrichtung der Vektoren durch den Schraffurwinkel von Schicht zu Schicht schrittweise rotiert wird. Der Einfluss einer Belichtungsstrategie auf die Oberflächenrauheit unter Einsatz von Schraffurwinkeln wurde bisher nur in ersten Ansätzen untersucht. In Untersuchungen von Campanelli et al. zum Laserstrahlabtragen von laseradditiv gefertigten Bauteilen war es Ziel, die Oberflächenrauheit zu verringern. Hierzu wurde ein Schraffurwinkel von $\varphi = 45°$ eingesetzt [107]. Der Winkel wurde jedoch nicht weiter variiert und es wurden Laserparameter als Einflussfaktor auf die Oberflächenrauheit in das Zentrum der Untersuchung gestellt. Im Rahmen der Laserendbearbeitung metallischer Werkstoffe setzte Koch Schraffurwinkel beim Laserstrahlabtragen von Kupfer mit einem Nd:YAG-Laser mit einer Pulslänge von $t_p = 100 - 500$ ns und einer Laserleistung von $P = 16$ W ein [95]. Die Oberflächenrauheit konnte verbessert werden, sobald die Laservektoren aufeinander folgender Schichten nicht deckungsgleich waren. Deckungsgleiche Laservektoren aufeinander folgender Schichten treten bei einem Schraffurwinkel von $\varphi = 0°$ und $\varphi = 360°$ sowie Vielfachen davon auf. Unter Einsatz eines Schraffurwinkels von $\varphi = 60°$ wurde von Koch eine Rauheit von $R_a = 2,5$ μm nach einem Abtrag von $n = 10$ Schichten erreicht, während bei einem alternierenden Schraffurwinkel von $\varphi_n = 0°$ und $\varphi_{n+1} = 90°$ eine Rauheit von $R_a = 3,3$ μm gemessen wurde [95]. Koch vermutete, dass je kleiner der Schraffurwinkel gewählt wird, desto homogener gestaltet sich der Überlapp von Laserbahnen aufeinander folgender Schichten und desto geringer fällt die Oberflächenrauheit aus [95]. Bei einer Schraffurwinkeleinstellung von $\varphi = 0° / 90°$ wurde zudem das Auftreten einer richtungsorientierten, mikroskopischen Struktur beobachtet, die bei einer Schraffurwinkeleinstellung von $\varphi = 60°$ nicht auftrat. Trotz des festgestellten Einflusses der Schraffurwinkel auf die Rauheit wurde keine Untersuchung weiterer Winkeleinstellungen durchgeführt und genaue Mechanismen der Rauheitsausbildung wurden nicht beschrieben [95]. Mit weiteren technologischen Ansätzen zur Reduzierung der Oberflächenrauheit bei der

Laserstrahlbearbeitung kann darüber hinaus bereits eine hohe Oberflächenqualität erzielt werden. Mittels Laserpolieren waren Rosa et al. in der Lage, eine Oberflächenrauheit von bis zu $S_a = 0,79$ µm zu erreichen und Temmler et al. konnten Werte von bis zu $R_a < 0,1$ µm erzielen [108, 109]. Nichtsdestotrotz basiert der Prozess des Laserpolierens auf dem Umschmelzen von Werkstoff, wobei eine glatte Oberfläche durch die Oberflächenspannung der Schmelzphase erzielt wird. Aus diesem Grund ist der Prozess des Laserstrahlumschmelzens nicht geeignet, um glatte Oberflächen an Zerspanwerkstoffen wie PCBN, PKD oder Hartmetall zu erzeugen, da es bei Überschreiten des hohen Schmelzpunktes von $T \gg 1.500$°C über eine signifikant längere Dauer als übliche Abtragvorgänge ($t_P \ll 1$ s) zu einer thermischen Schädigung umliegender Bereiche sowie zu Gefügeveränderungen kommen würde [33, 113]. Ein Ansatz zur Erzielung einer hohen Oberflächengüte beim Laserstrahlabtragen, der die Problematik des Umschmelzens vermeidet, umfasst die Integration von Sensortechnik in den Abtragprozess. Sensorsysteme nehmen dabei charakteristische Prozessdaten wie z.B. Prozessstrahlung, akustische Emissionen oder den Abstand zwischen Sensor und Werkstückoberfläche auf, auf deren Basis der Bearbeitungsprozess durch Anpassung von Laserparametern beeinflusst wird, sodass die Beeinflussung von Oberflächenrauheiten prinzipiell möglich wird [114, 115].

Weiterhin ist beim Laserstrahlabtragen grundsätzlich zwischen der Bearbeitung im Kurzpuls- und Ultrakurzpulsbereich zu unterscheiden. Dies beeinflusst den Wärmeeinfluss auf das Werkstück und somit die erreichbare Werkstückqualität und Präzision [87, 116]. Beim Auftreffen von Laserpulsen auf eine Werkstückoberfläche kommt es zum Absorptionsvorgang von Photonen. Freie Elektronen im Werkstoff absorbieren innerhalb weniger Femtosekunden die Photonen innerhalb des Absorptionsvolumens. Die Tiefe, bis in die eine Absorption stattfindet, ist vom Absorptionskoeffizienten ζ abhängig, der wiederum werkstoff- und wellenlängenabhängig ist [117]. Nach der Relaxationszeit der Elektronen von ca. $t = 1$ ps wird die absorbierte Energie an das atomare Gitter weitergegeben und im Bereich der thermischen Diffusionstiefe in Wärme gewandelt. Die thermische Diffusionstiefe ist abhängig von der Zeit und dem Diffusionskoeffizienten δ_{th} [117]. Während dieser Elektron-Phonon-Wechselwirkung kommt es im Absorptionsbereich zu einem rapiden Temperaturanstieg und einem direkten Übergang des Werkstoffes von der festen in die gasförmige Phase [116]. Ein Laserpuls ist als ultrakurz anzusehen, wenn die thermische Diffusionstiefe, die während der Fortdauer des Pulses erreicht wird, gleichgroß oder kleiner ist als die optische Eindringtiefe [117]. Die Grenze zur Ultrakurzpulsbearbeitung liegt für Metalle und Keramiken bei Laserwellenlängen von $\lambda = 1.064$ nm im Bereich von ca. $t = 10$ ps. Bei Dielektrika wie Diamant und CBN liegen aufgrund einer großen Bandlücke keine vorhandenen freien Elektronen zur Absorption vor und der Absorptionsvorgang findet durch nicht lineare Multiphotonenabsorption statt [118–122]. Hierfür sind hohe Spitzenintensitäten notwendig, die umso höher ausfallen, je kürzer die Laserpulse sind [123].

Im Unterschied dazu ist der Abtrag im Kurzpulsbereich von linearen Absorptionseffekten bzw. Effekten der Wärmeleitung, des Schmelzens, Verdampfens sowie der Ausbildung von Plasma dominiert [87, 117]. Bei der Belichtung mit kurzen Pulsen wird die auftreffende Energie vom Werkstoff absorbiert und die entstehende Wärme breitet sich im Werkstoff aus [124]. In Abhängigkeit der erreichten Temperatur schmilzt der Werkstoff auf oder eine Dampfblase wird aus der belichteten Zone ausgestoßen, welche zu Plasma ionisiert werden kann. Die Dampfblase kann weiter auftreffende Laser-

strahlung absorbieren und damit die auf die Werkstückoberfläche auftreffende Energiedichte abschirmen und den weiteren Abtrag behindern [118]. Der Druck des Dampfes
und des Plasmas führen zu einem partiellen Materialausstoß aus der belichteten Zone,
während Schmelze aufgrund von Oberflächenspannung auf dem Werkstück verbleibt
[87, 125]. Der Abtrag mit Kurzpulslasern im Mikro- und Nanosekundenbereich weist im
Vergleich zum Abtrag mit Ultrakurzpulslasern üblicherweise höhere Abtragraten sowie
den Vorteil der höheren Systemzuverlässigkeit und geringere Kosten für die Strahlquelle
aufgrund des geringeren technischen Aufwands zur Erzeugung weniger kurzer Laserpulse auf [116, 126].

Laserstrahlsysteme im Ultrakurzpulsbereich weisen für PCBN Pulsdauern in Größenordnung von Piko- und Femtosekunden auf [22, 127]. Aufgrund der hohen jedoch lokal
begrenzt eingebrachten Energie und des daher geringen Abtragvolumens pro Laserpuls
lassen sich hohe Oberflächengüten und eine hohe Präzision realisieren, während erzielbare Abtragraten um etwa eine Größenordnung geringer ausfallen können als beim
Abtrag mit Kurzpulslasern [128]. Die Besonderheit des Laserstrahlabtragens mit ultra-
kurzgepulsten Strahlquellen ist somit ein geringer Wärmeeintrag in den Werkstoff
während des Prozesses, sodass das Werkstück örtlich nur sehr begrenzt erwärmt wird.
Dies erlaubt eine hohe Abtragqualität und Fertigungspräzision [124, 129, 130]. Im Hinblick auf den Abtrag von PCBN wird durch den geringen Wärmeeintrag eine Phasentransformationen von kubischem zu hexagonalem Bornitrid vermieden, wobei letzteres
als Zerspanwerkstoff ungeeignet ist [16, 22]. Somit können mittels Ultrakurzpulsbearbeitung höhere Zerspanwerkzeugqualitäten insbesondere hinsichtlich der Einhaltung
maßlicher Größen und der Kantenqualität erzielt werden [22, 131].

Die Kurzpuls- und Ultrakurzpulsbearbeitung ist für metallische Werkstoffe weitreichend
untersucht [87, 88, 89, 95, 132]. Typische Abtragraten liegen z.B. bei Pulslängen von
$t_P = 170$ fs - 2,5 ps im Bereich von $Q_A \approx 1,8$ mm^3/min für Werkstoffe wie Edelstahl,
Kupfer und Titan [133]. Für Pulslängen in der Größenordnung von $t_P = 250$ fs - 4 ns
wurden von Neuenschwander et al. maximale Abtragraten von bis zu einer Höhe von
$Q_A \approx 11,5$ mm^3/min für Werkstoffe wie Stahl und Kupfer sowie eine Schwankung der
Abtragrate um bis zu Faktor sieben im betrachteten Parameterbereich festgestellt. Die
erzielbare Abtragrate stand dabei in direktem Zusammenhang mit der mittleren Laserleistung und war von der Abtragschwelle sowie der Eindringtiefe der Laserstrahlung in
den untersuchten Werkstoff abhängig. Diese Größen sind einerseits werkstoffabhängig
und werden andererseits von der Pulsdauer sowie durch Wärmeakkumulation im
Abtragprozess beeinflusst. [134]

Bei harten und hochharten Werkstoffen hat Dold den Abtrag von PKD im Ultrakurzpulsbereich untersucht und dabei als wesentliche relevante Parameter die Laserleistung,
Pulsfrequenz, Polarisation, Scangeschwindigkeit sowie Fokusdurchmesser und Fokuslage betrachtet. Mittels Abtrag durch Laserstrahlung mit einer Pulsdauer von $t_P = 10$ ps
und einer Wellenlänge von $\lambda = 1.064$ nm wurden Abtragraten von $Q_A \approx 0,5 - 5$ mm^3/min
und eine Oberflächenrauheit von $R_a < 1,0$ µm erzielt [21]. Darüber hinaus hat Eberle den
Abtrag von Hartmetall und PKD bei Wellenlängen von $\lambda = 1.064$ nm und $\lambda = 532$ nm
sowie Pulslängen von $t_P = 10$ ps und $t_P = 1$ ns verglichen [112]. Bei gleicher Fluenz
wurde bei polykristallinem Diamant mittels Pikosekundenlaser (ps-Laser) eine um ca.
$\Delta Q_A \approx 0,1 - 0,2$ mm^3/min höhere Abtragrate als beim Abtrag mittels Nanosekundenlaser
(ns-Laser) beobachtet. Die maximale Abtragrate lag bei $Q_A \approx 0,36$ mm^3/min. Zudem
wurde bei der Bearbeitung mittels ns-Laser eine thermische Schädigung in Form von

Grafitisierung des Kohlenstoffs beobachtet und die in lateraler Richtung erzielte Rauheit war mit $R_A \approx 0{,}2$ μm bis zu doppelt so hoch wie beim ps-Laser. Bei Hartmetall lag die Abtragrate mittels ps-Laser um ca. $\Delta Q_A \approx 0{,}3$ - $0{,}35$ mm³/min höher als die Abtragrate mittels ns-Laser und betrug maximal $Q_A \approx 0{,}6$ mm³/min. Auch hier war die mittels ns-Laser erzielte laterale Rauheit mit $\Delta R_A \approx 0{,}6$ μm signifikant höher als die mittels ps-Laser erzielte. Die absolut erreichbare Rauheit für Hartmetall war für ps-Laser vergleichbar mit der von PKD, lag für ns-Laser bei Hartmetall mit einem Maximum von $R_A \approx 0{,}7$ μm jedoch deutlich höher als beim PKD. In der Analyse der Untersuchungsergebnisse wurde eine um bis zu Faktor 50 höhere Abtrageffizienz bei der Bearbeitung mittels ps-Laser im Vergleich zum ns-Laser festgestellt, was die höheren Abtragraten und besseren Rauheiten bei der Bearbeitung mittels ps-Laser erklärt [112]. Weitere Untersuchungen empfehlen Pulslängen von $t_P \leq 12$ ps und Pulsenergien größer gleich $E_P \geq 1$ μJ, um hohe Oberflächengüten zu erzielen [135]. Zusammenfassend lässt sich feststellen, dass sich insbesondere bei harten und hochharten Materialien ein vom Abtrag bei Metallen abweichendes Prozessverhalten hinsichtlich des üblicherweise zu erwartenden Zusammenhangs, dass eine längere Pulsdauer zu höheren Abtragraten und höherer Oberflächenrauheit führt, einstellen kann. Zudem wurde bei Pulsdauern im ns-Bereich häufig eine thermische Schädigung festgestellt.

Während für die oben aufgezeigten Werkstoffe vielfältige Untersuchungen zum Laserstrahlabtragen mit ultrakurzen Pulsen vorliegen, wurde das Abtragverhalten von PCBN nur vereinzelt untersucht. Bisherige Untersuchungen befassen sich im Wesentlichen mit dem Abtrag durch ungepulste Laser (cw-Laser, continous wave Laser) und durch Laser im Kurzpulsbereich [16, 52, 136, 137]. So wurden cw- und quasi-cw-Laser mit einer Leistung von bis zu $P = 1{,}5$ kW für das Schneiden von PCBN-Ronden eingesetzt [136]. Dabei wird eine hohe Schnittgeschwindigkeit jedoch ebenfalls eine große Wärmeeinflusszone erzeugt, sodass eine zusätzliche Endbearbeitung erforderlich ist. In weiteren Untersuchungen von Wu et al. und Wang et al. wird eine bewusst erzeugte Phasentransformation von CBN zu HBN in Kombination mit einem Wasserstrahlschneidprozess genutzt, wobei der Mechanismus zum Trennen des PCBN durch thermischen Schock erfolgt [52, 136]. Bei der Endbearbeitung von PCBN ist die Phasentransformation von CBN zu HBN zu vermeiden, da HBN als Zerspanwerkstoff ungeeignet ist und die fertigbaren Toleranzen negativ beeinflusst würden. In weiteren Untersuchungen mit gepulsten Laserstrahlquellen wurde die mögliche Phasenumwandlung von CBN zu HBN ebenfalls betrachtet. Bloshchanevich et al. stellten bei der Bearbeitung mittels Mikrosekundenlaser (μs-Laser) eine Phasenumwandlung bis in eine Tiefe von bis zu $d = 100$ μm im Material fest [137]. Pacellas Untersuchung zur Interaktion zwischen Laserstrahlung und hochharten Werkstoffen zeigte, dass bei der Bearbeitung mittels μs-Laser von $t_P = 5$ - 30 μs und einer Wellenlänge von $\lambda = 1.064$ nm die Abtragrate von PCBN mit einer Korngröße von $d_K = 1$ - 4 μm und einem CBN-Gehalt von $c = 50$ - 90 % proportional zu der Fluenz des verwendeten Lasers ist. Weiterhin stellte Pacella für hohe Energiedichten bei Leistungen von bis zu $P = 100$ W eine signifikante Wärmeeinflusszone sowie einen inhomogenen Abtrag über den Fokusdurchmesser fest. Zudem wurden durch eine Schmelzphase Konzentrationsunterschiede im Binder hervorgerufen und es wurde eine Umwandlung von CBN zu HBN bis in eine Tiefe von $d = 1$ - 2 μm festgestellt [16].

Untersuchungen zum Laserstrahlabtragen im Nanosekundenbereich beschäftigen sich mit der Bearbeitung von PCBN für Zerspanwerkzeuge mit geometrisch bestimmter Schneide sowie mit dem Abrichten und Profilieren von CBN-Schleifwerkzeugen [22, 76, 77, 78, 138, 139, 140]. Der Abtrag von PCBN mit einem CBN-Gehalt von $c = 65\%$, einer Korngröße von $d_K = 1 - 3$ µm und einem Ti(C,N)-Binder für Zerspanwerkzeuge mit geometrisch bestimmter Schneide durch Laserstrahlung mit einer Wellenlänge von $\lambda = 349$ nm sowie einer Pulslänge von $t_P = 5$ ns wurde von Suzuki et al. untersucht [138]. Im Vergleich zum Schleifen wurden an den Werkzeugen weniger Oberflächendefekte und eine schärfere Schneidkante festgestellt. Weiterhin war die Oberfläche durch thermische Beeinflussung aus dem Laserprozess mit einer Schicht aus HBN überzogen und es wurde das Auftreten von Titanborid beobachtet, das eine harte Oberflächen-schicht bilden kann [138]. Darüber hinaus wurde die Laserbearbeitung von PCBN mit einem CBN-Gehalt von $c = 40 - 60\%$, einer Korngröße von $d_K = 1 - 3$ µm und einem TiN / TiCN -Binder bei einer Laserwellenlänge von $\lambda = 1.064$ nm und einer Pulsdauer von $t_P = 70$ ns von Breidenstein et al. untersucht [76]. Dabei führte ein steigender Wärmeeinfluss im Laserprozess zum Auftreten einer granularen Oberfläche hoher Rauheit als Resultat eines durch Schmelze dominierten anstelle eines durch Sublimation dominierten Abtragvorgangs. Zur Reduzierung des Wärmeeintrags wurden in der Unter-suchung die Scangeschwindigkeit gesteigert und die Laserleistung gesenkt. Dabei erfolgt zunächst die Festlegung einer Scangeschwindigkeit von $v_s = 0{,}25$ m/s und die anschlie-ßende Einstellung der Laserleistung von $P \approx 1 - 8$ W [76]. Weiterhin wurden neben einer Phasenumwandlung von CBN zu HBN auch die chemische Reaktion zwischen Bornitrid und dem Binderwerkstoff zu TiB$_2$ festgestellt, was wiederum zu für die Zerspanung im Fall von rissförmigem Verschleiß vorteilhaften Druckeigenspannungen führen kann [76, 138] (vgl. Kapitel 2.1). Auftretende Oberflächenrauheiten liegen beim Abtragen mit einer Pulsdauer von $t_P = 70$ ns im Bereich von $R_z \approx 5 - 25$ µm und somit oberhalb der Rauheit des Referenzwerkzeugs [77].

Rabiey et al. setzten ns-Laserpulse mit einer Wellenlänge von $\lambda = 1.064$ nm sowie einer Pulslänge von bis zu $t_P = 150$ ns ein, um bei CBN-Schleifwerkzeugen einen Metall-hybrid-Binderwerkstoff abzutragen und die CBN-Körner mit einer Größe von $d \approx 125$ µm möglichst wenig zu schädigen. Eine partielle Schädigung der CBN-Körner wurde dabei nicht gänzlich vermieden, sie beeinflusste in der Anwendung den Schleif-prozess jedoch nicht negativ [140]. Eine Schädigung von CBN-Körnern konnten Yung et al. hingegen vermeiden. Sie verwendeten Laserstrahlung mit einer Pulslänge von bis zu $t_P = 500$ ns und einer Leistung von maximal $P = 15$ W, wobei ein Kunstharz-Binder und somit ein Binder-Werkstoff mit signifikant geringerer Abtragschwelle im Verglich zu den CBN-Körnern vorlag und die CBN-Körner somit einer geringeren Fluenz aus-gesetzt werden konnten [139]. Im Falle von PCBN identifizierten Amer et al., dass die Energieumwandlungseffizienz zwischen Laserpuls und PCBN für eine Wellenlänge von $\lambda = 1.064$ nm und eine Pulsdauer von $t_P = 12$ ns bei hohen Leistungsdichten konstant ist und bei etwa 80% liegt [141]. Walter et al. untersuchten darüber hinaus den direkten Abtrag von hybrid gebundenen CBN-Körnern mit einer Größe von $d \approx 125$ µm zum Profilieren von Schleifwerkzeugen. Bei einer Wellenlänge von $\lambda = 1.064$ nm sowie einer Pulslänge von bis zu $t_P < 200$ ns wurden Abtragraten von bis zu $Q_A \approx 45$ mm^3/min er-reicht [78]. Das Bearbeitungsprinzip folgte dabei jedoch dem Laserschneiden, d.h. es wurde mit einer Schneidoptik unterstützt durch Druckluft als Prozessgas gearbeitet, was die hohen Abtragraten gegenüber anderen Untersuchungen begründet. Auf diese Weise wurden am Umfang Formelemente in die Schleifwerkzeuge in der Größenordnung von

$l = 0,5 - 2$ mm eingebracht. Aufgrund der stark unterschiedlichen Werkstoffzusammensetzung hinsichtlich CBN-Anteil, Korngröße und Bindertyp kann jedoch nicht von einem gleichen Abtragverhalten wie bei PCBN zum Einsatz in Zerspanwerkzeugen mit geometrisch bestimmter Schneide ausgegangen werden. In weiterführenden Untersuchungen von Walter wurde an den Rändern der CBN-Körner darüber hinaus ebenfalls eine Bildung von HBN beobachtet [22]. Der Zusammenhang zwischen Korngrößen und der genauen Temperaturgrenze sowie Temperatureinwirkdauer der Phasenumwandlung wurde von Sachdev et al. diskutiert. Bei mittleren Korngrößen von $d_K = 40 - 80$ µm kommt es ab einer Temperatur von $T = 1.300°C$ zu einer Phasenumwandlung und bei $T = 1.540°C$ nach 70 Minuten Einwirkdauer der Temperatur bei 80 % der Kornmasse zu einer Transformation von CBN zu HBN [33]. Auch wenn bei der gepulsten Laserbearbeitung keine solch lange Temperatureinwirkdauer vorliegt, kommt es im Fall des CBNs an oben genannten Schleifwerkzeugen an der Kornoberfläche dennoch zu deutlichen Phasentransformationen. Für die von Walter angestrebten Dimensionen beurteilt dieser das Ausmaß der Beeinflussung der Schleifwerkzeuge jedoch als tolerierbar, da es beim konventionellen Abrichten zu Ausbrüchen ganzer Körner kommen würde, was eine noch größere Beeinflussung darstelle [22]. Aus diesem Grund sind gleichfalls die beobachtete Ausprägung einer hohen Oberflächenrauheit beim Abtragen von metallhybrid gebundenen CBN-Schleifstiften mit ns-Pulsen als unkritisch zu beurteilen.

Auch mit ultrakurzgepulster Laserstrahlung wurden bereits erste Untersuchungen zur Bearbeitung von PCBN durchgeführt. Zum Abtrag von PCBN mit keramischem Binder wurden Untersuchungen mit einer Wellenlänge von $\lambda = 790$ nm und einer Pulsdauer von $t_P = 110$ fs sowie mit einer Wellenlänge von $\lambda = 1.064$ nm und einer Pulsdauer von $t_P = 100$ ps durchgeführt [127]. Nutzbare Abtragraten lagen im Bereich zwischen $Q_A = 0,05 - 0,2$ µm/Puls. Weiterhin wurden zwei charakteristische Ablationsbereiche identifiziert, wie sie auch für den zuvor beschriebenen Ultrakurzpulsabtrag von Metallen zu beobachten sind. In Abhängigkeit der Laserfluenz ist ein optisch oder thermisch dominierter Abtrag festzustellen. Eine thermische Beeinflussung wurde beim Abtrag mittels fs-Laser nicht festgestellt, während beim ps-Laser eine erstarrte Schmelzphase auftrat. In der Untersuchung von Hirayama et al. ist eine thermische Beeinflussung zu vermeiden, da das untersuchte PCBN zum Einsatz als Wärmesenke auf integrierten Leiterplatten vorgesehen war und nach Hirayama et al. eine Phasenumwandlung oder Schmelzphase die Qualität hierbei negativ beeinflussen würde [127]. Walter et al. ablatierten mit einer Wellenlänge von $\lambda = 1.064$ nm und einer Pulsdauer von $t_P = 10$ ps Strukturen in CBN-Schleifwerkzeugen [142]. Eine REM-Analyse und Raman-Spektroskopie bestätigen, dass der thermische Einfluss von ps-Laserstrahlung für die gewählten Parameter auf CBN vernachlässigt werden kann [142].

Zusammenfassend kann festgestellt werden, dass nach dem Stand der Technik Erkenntnisse zu Teilbereichen des Laserstrahlabtragens von PCBN bestehen. Hierbei liegen jedoch noch Lücken im Wissensstand vor. So konzentrieren sich bisherige Untersuchungen auf die Bearbeitung mit Kurzpulslasern im µs- und ns-Bereich, wobei jedoch Wärmeeinflüsse und hohe Oberflächenrauheiten auftreten. Hinsichtlich der Qualität stellen die Oberflächenrauheit und hinsichtlich der Prozesszeit die Abtragrate wichtige Zielgrößen des Laserbearbeitungsprozesses dar. Einflussgrößen darauf sind z.B. die Laserleistung, Pulsfrequenz, Brennweite, Fokuslage oder auch die Belichtungsstrategie. Im Hinblick auf die Belichtungsstrategie wurden bisher nach dem Stand der Technik nur ein logischer An- und Aus-Zustand von Randbelichtungen sowie lediglich einzelne

Schraffurwinkel von $\varphi = 0°$, $\varphi = 60°$ und $\varphi = 90°$ betrachtet [95, 107]. Die Randbelichtung wurde z.B. bei der Bearbeitung von Mikroschneidkeilen als qualitätsvermindernder Faktor identifiziert und daher ausgeschlossen [16], während der Einsatz von Schraffurwinkeln die Bearbeitungsqualität in oben beschriebenen Ansätzen verbessern konnte. Weitergehende Untersuchungen hin zu einem Verständnis des Einflusses sowie Wirkprinzipien des Schraffurwinkels auf die Bearbeitungsqualität liegen zurzeit jedoch nicht vor.

Weiterhin wurden bisher die Einflüsse der Bandbreite verschiedener PCBN-Sorten auf das Abtragergebnis nur wenig untersucht. Beim Abtrag mit Kurzpulslasern wurden im Schwerpunkt Sorten mit einem niedrigen CBN-Gehalt und keramischem Binder verwendet. Eine Kenntnis des Einflusses von unterschiedlichen PCBN-Sorten auf das Abtragergebnis insbesondere bei der Ultrakurzpulsbearbeitung besteht nicht. Aufgrund der unterschiedlichen Werkstoffzusammensetzung hinsichtlich CBN-Anteil, Korngröße und Bindertyp kann nicht von einem identischen Abtragverhalten über verschiedene PCBN-Sorten hinweg ausgegangen werden. Vielmehr sind voneinander abweichende Abtragraten und Oberflächenrauheiten zu erwarten, sodass je nach Anforderung der Zielanwendung die systematische Identifizierung jeweils anderer Prozesseinstellungen eine Herausforderung darstellt und zudem eine Kenntnis des Einflusses der PCBN-Sorten auf das Abtragergebnis eine Forschungslücke bedeutet.

Mit der technologischen Weiterentwicklung von Laserstrahlquellen im Pikosekundenbereich gewinnt die Ultrakurzpulsbearbeitung an Bedeutung für die Bearbeitung von Zerspanwerkzeugen hoher Härte, insbesondere da auf diese Weise Wärmeeinflüsse stark reduziert werden können und Bearbeitungsergebnisse höherer Präzision als im Kurzpulsbereich möglich sind. In Bezug auf Wärmeeinflüsse zeigen die hier zusammengefassten Untersuchungen, dass bei der Bearbeitung von PCBN mit Laserstrahlquellen im Kurzpulsbereich chemische Veränderungen und Phasenumwandlung von CBN zu HBN nicht zu vermeiden sind. Daher erfolgte die Umsetzung von Zerspanwerkzeugen bisher für einfache Anwendungen oder lediglich Teilbearbeitungen der Werkzeuge z.B. ohne die Bearbeitung der Schneidkante, sodass auftretende Wärmeeinflüsse in Kauf genommen wurden. Für Anwendungen, in denen Zerspanwerkzeuge hoher Präzision inklusive bearbeiteter Schneidkanten erforderlich sind und eine Vermeidung von Wärmeeinflüssen notwendig ist, wurde nach dem Stand der Technik bisher jedoch keine allgemein anwendbare Lösung umfassend dokumentiert. Hier ist der Einsatz der Ultrakurzpulsbearbeitung im Bereich einer Pulsdauer von $t_P = 10$ ps vielversprechend. Die detaillierte Leistungsfähigkeit des Abtragens von PCBN mittels ultrakurzgepulster Laserstrahlung ist allerdings noch unbekannt.

2.3 Prozessführung

Die Entwicklung einer Prozessführung stellt eine typische Problemstellung beim Laserstrahlabtragen dar. Aufgrund des indirekten Verfahrensprinzips und der in Kapitel 2.2 aufgezeigten Vielzahl an Stellparametern, die in Abhängigkeit eines zu bearbeitenden Werkstoffs multikausal auf den Bearbeitungsprozess abzustimmen sind, ist der initiale Aufwand zur Prozessentwicklung zunächst hoch [94, 97]. Ansätze zur Entwicklung einer Prozessführung sind einerseits in Methoden des Design of Experiments (DOE) zu sehen, andererseits in intuitiven, stufenweisen Vorgehensweisen bzw. einer Kombination aus beidem [16, 21, 22, 23, 76, 89, 96, 107]. Ziel der Methoden und Vorgehensweisen ist es für eine Prozessführung eine Lösung zu finden, sodass der Prozess den Zielkriterien wie z.B. einer hohen Qualität oder einer hohen Bearbeitungsgeschwindigkeit entspricht. Methoden der statistischen Versuchsplanung (DOE) kommen zum Einsatz, da bei vollfaktorieller Parameterkombination die Untersuchung einer Vielzahl an Parametern notwendig ist, ohne die Qualität der Lösung zu steigern [143]. DOE-Methoden ermöglichen eine Verminderung von Versuchsaufwand, wodurch auch die Kosten für die Entwicklung einer Prozessführung gesenkt werden können [143, 144, 145]. Die DOE-Methode nach Shainin beschreibt z.B. eine Versuchsstrategie zur Bestimmung der qualitativ wichtigsten Einflussgrößen auf die Streuung eines Fertigungsprozesses unter reduziertem Aufwand [144]. Durch einen Variablenvergleich werden aus einer begrenzten Anzahl von Faktoren diejenigen identifiziert, deren Veränderung den Hauptbeitrag zur Streuung der Zielgröße erbringt [144]. Weitere Vorgehensweisen sind in voll- oder teilfaktoriellen Untersuchungsansätzen zu sehen. Bei vollfaktoriellen Versuchen nimmt die Anzahl der Faktorstufenkombinationen mit der Anzahl der Faktoren allerdings exponentiell zu, während bei teilfaktoriellen Versuchsplänen nur ein Teil der Faktorstufenkombinationen des vollständigen Plans realisiert und die Anzahl von Kombinationen und damit der Versuchsaufwand wesentlich reduziert wird [144, 145]. Teilfaktorielle Versuchspläne wie z.B. bei der Taguchi-Methode fokussieren auf die Ableitung eines robusten Prozesses und die Identifikation und Festlegung von Steuerfaktoren und Rauschfaktoren steht im Vordergrund [144]. Prozesse sind robust, wenn das Prozessergebnis möglichst wenig von Schwankungen der Prozessparameter, Materialeigenschaften und Umgebungsbedingungen abhängt [144]. Ziel ist es, die Kombinationen von Steuergrößenstufen zu finden, bei denen die Auswirkungen der Störgrößen minimiert sind und gleichzeitig der gewünschte Sollwert eingehalten wird [143].

Nach dem Stand der Technik wurden mittels DOE-Methoden bereits Untersuchungen zum Laserstrahlabtragen von Zerspanwerkstoffen durchgeführt. So wurde die Shainin-Methode genutzt, um die wichtigsten Einflussgrößen beim Laserstrahlabtragen von Hartmetall mittels Pikosekundenlaser bei einer Pulsdauer von $t_P = 10$ ps und einer Wellenlänge von $\lambda = 1.064$ nm zu identifizieren [23]. Als wichtigste Einflussgrößen wurden die Laserleistung und der Pulsüberlapp identifiziert, weitere Einflussgrößen wie z.B. die Fokuslage oder die Pulsfrequenz wurden jedoch nicht betrachtet. Weiterhin wurde von Weber im Rahmen der Analyse akustischer Emissionen beim Laserstrahlabtragen mittels Ultrakurzpulslaser mit einer Wellenlänge von $\lambda = 355$ nm ein zentral zusammengesetzter Versuchsplan als teilfaktorieller Ansatz eingesetzt [96]. Im Anschluss an eine vorangegangene detaillierte Untersuchung zum Abtragverhalten von Hartmetall diente dieser DOE-Ansatz zur Ableitung von Schnelltests für die Bestimmung des Abtragverhaltens anderer Werkstoffe [96]. Die Taguchi-Methode hingegen wurde von Campanelli zur Entwicklung einer Prozessführung beim Laserstrahlabtragen von laseradditiv gefertigtem Stahl AISI 316L mit dem Ziel der Verbesserung der Oberflächenqualität angewandt [107]. Im Rahmen eines reduzierten Versuchsplans wurden beim Laserstrahlabtragen mit einem ns-Laser bei einer Wellenlänge von $\lambda = 1.064$ nm der Einfluss der Parameter Laserleistung, Scangeschwindigkeit, Fokuslage und Anzahl an Belichtungen untersucht. Die Oberflächenrauheit konnte auf diese Weise bei einzelnen Laserparametersätzen verringert werden [107]. Darüber hinaus wurde eine Kombination aus der Taguchi-Methode und vollfaktoriellen Untersuchungen von Pacella zur Bestimmung von Parametern zur Laserbearbeitung von PCBN und PKD mittels Mikrosekundenlaser angewandt [16]. Die im ersten Schritt vollfaktoriell und nach Taguchi identifizierten Teillösungen wurden anschließend durch die Kombination mit

einem stufenweisen Vorgehen ergänzt. In vier Stufen erfolgte so nacheinander die Festlegung von Laserleistung, Pulsfrequenz, Pulsdauer und Scangeschwindigkeit [16]. Für
die Bearbeitung bei einer Pulsdauer von $t_P = 5$ - $30\,\mu s$ und einer Wellenlänge von
$\lambda = 1.064\,nm$ konnte die Bandbreite der nutzbaren Scangeschwindigkeit sowie Pulsfrequenz eingegrenzt werden und eine Leistung von $P = 70W$ wurde als optimal identifiziert. Eine thermische Einflusszone sowie ein inhomogener Abtrag über den Fokusdurchmesser konnten trotz DOE-Ansatz jedoch nicht ausgeschlossen werden [16].
Zudem ergibt sich aus dem dargestellten Vorgehen ein vergleichsweise hoher Aufwand
für die Untersuchungen von lediglich vier Stellparametern. Weitere Entwicklungen beim
Laserstrahlabtragen beschäftigen sich mit der Werkzeugfertigung und wenden dabei
systematische sowie intuitive Ansätze zur Identifizierung einer Prozessführung an [21,
22, 76, 89]. So wird als mögliches systematisches Vorgehen zur Prozessentwicklung
eine Variation der Dimensionalität des Abtrags in Form von Einzelpulsen, Linienabtrag
sowie Flächenabtrag vorgenommen und die Bearbeitungsergebnisse analysiert [21, 22,
89]. Ein Abtrag von Einzelpulsen wird im ersten Schritt zur Bestimmung charakteristischer Eckdaten wie der Werkstoffschädigung und der Abtragschwelle genutzt, insbesondere wenn die Abtragschwelle für die Phasen von mehrkomponentigen Werkstoffen
stark unterschiedlich ist [21, 22]. So wurde z.B. von Walter für CBN-Körner eine
Schwellfluenz der Werkstoffschädigung von $F_P \geq 12\,J/cm^2$ beim Abtrag mit einem
Nanosekundenlaser mit einer Pulsdauer von $t_P = 125\,ns$ ermittelt [22]. Bei einem
Wechsel des Belichtungsprinzips zwischen der Bearbeitung mit einer Schneidoptik und
einer Scanneroptik sowie zwischen verschiedenen Strahlquellen stellt sich jedoch die
Herausforderung der Übertragbarkeit der Prozessgrößen [22]. Beim Linien- und
Flächenabtrag wird z.B. von Dold, Lopez und Siegel eine mögliche Wärmeakkumulation
durch eine Puls-zu-Puls-Wechselwirkung untersucht und mit Schwerpunkt Parameter
wie Scangeschwindigkeit, Spurabstand und Belichtungsstrategie zur Untersuchung herangezogen [21, 89, 146]. So konnte durch dieses Vorgehen z.B. von Siegel ein Auftreten
von Schmelze beim Abtragen von metallischen Werkstoffen mittels Pikosekundenlaser
unter Einstellung einer geeigneten Prozessführung ausgeschlossen werden und Dold
konnte auf diese Weise gezielt den Schneidkantenradius von Zerspanwerkzeugen aus
PKD beeinflussen [21, 89]. Ein intuitives Vorgehen hingegen wird von Breidenstein bei
der Parameterfindung zum Abtragen von PCBN mittels Nanosekundenlaser eingesetzt.
Es erfolgt zunächst die Variation der Scangeschwindigkeit und die Analyse der Abtrag-
ergebnisse, gefolgt von der Variation der Laserleistung im nachfolgenden Schritt [76].
Die Pulsfrequenz hingegen beträgt konstant $f = 20\,kHz$ und wird nicht variiert. Die
Scangeschwindigkeit wird gleichzeitig mit dem Spurabstand in einem Stellbereich von
$SA = 1,25\,\mu m$ - $12,5\,\mu m$ variiert [76].

Einschränkungen bei der Entwicklung von Prozessführungen nach dem Stand der Technik bestehen bei intuitiven Vorgehensweisen darin, dass die Güte der identifizierten
Lösung eingeschränkt sein kann. So werden z.B. bei Breidenstein bei der Variation der
Laserleistung im zweiten Versuchsschritt energetische Strahlparameter, die direkt auf
den Puls bezogen sind, verändert, nachdem die Energieverteilung über die Fläche festgelegt wurde [76]. Eine Vermischung von Einflüssen aus Pulsenergie und Flächenenergieverteilung auf das Abtragergebnis ist somit nicht auszuschließen. Einschränkungen bei DOE-Methoden sind darin zu sehen, dass z.B. bei der Shainin-Methode lediglich
der Vergleich von Prozessvariablen erfolgt, um die qualitativ wichtigsten Einflussgrößen
zu identifizieren [144]. Die Shainin-Methode liefert jedoch kein globales Verständnis
des Prozesses und kein Verständnis des detaillierten quantitativen Einflusses einzelner

Stellgrößen auf das Bearbeitungsergebnis [143, 144]. Bei teilfaktoriellen Untersuchungen hingegen besteht durch die selektive Versuchsdurchführung das Risiko des Vermengens von Haupteffekten, sodass statt des Effekts allein die Summe von miteinander vermengten Effekten und deren Wechselwirkungen betrachtet wird [144]. Versuchspläne sind daher anhand von Informationen und technologischen Überlegungen über mögliche Wechselwirkungen festzulegen [144]. Auch bei der Taguchi-Methode besteht ein Nachteil darin, dass Wechselwirkungen die Ergebnisse stark verändern können, was in Folge zu Fehlschlüssen führt [144]. Zudem werden bei DOE-Methoden je Faktor üblicherweise nur wenige, meist zwei bis vier, Faktorstufen untersucht, deren Werte intuitiv festgelegt werden, sodass keine unmittelbare Ableitung von detailliert aufgelösten Verläufen bzgl. bestimmter Parameter erfolgt [16, 23, 96, 107]. Weiterhin führt die alleinige Anwendung von DOE-Methoden zur Identifikation einer Prozessführung nicht unmittelbar zur Erlangung eines umfassenden Verständnisses von Laserstrahlabtragprozessen, da unabhängig vom methodischen Versuchsansatz die Analyse und Hinterfragung von technologischen Zusammenhängen notwendig ist [23, 107, 143, 144, 145]. So können Problemstellungen häufig auch auf Basis einer umfassenden Systemanalyse gelöst werden [145]. Weiterhin werden bei der Anwendung von DOE-Methoden sowie stufenweisen, teilfaktoriellen Vorgehen Werkstoffe und Anlagenkomponenten im Vorwege festgelegt und der Ablauf der Entwicklung einer Prozessführung wird durch Zielkriterien nicht beeinflusst [16, 21, 22, 23, 89]. Auf diese Weise erfolgt somit nur die Untersuchung von Teillösungen zu Lasten eines Gesamtverständnisses des jeweiligen Laserprozesses, sodass bei einer Übertragung auf andere Werkstoffe und Anlagentechnik gegebenenfalls eine erneute Parameterfindung erforderlich ist.

Zusammenfassend liegt nach dem Stand der Wissenschaft bisher kein methodisches Vorgehen zur Gestaltung von Prozessen zum Laserstrahlabtragen vor, das Werkstoff, Anlagentechnik und Prozessführung umfasst und auf Basis von Zielkriterien angepasst werden kann. Zur Schließung dieser Lücke liefert die im Rahmen dieser Arbeit entwickelte und erprobte methodische Vorgehensweise einen Beitrag, die an ein stufenweises, teilfaktorielles Vorgehen angelehnt wird und dabei in ihrem Ablauf jedoch nicht nach der Dimensionalität des Abtrags, sondern nach den Kategorien Werkstoff, Maschine, Steuerung hierarchisch gegliedert wird. Auf diese Weise wird die Möglichkeit geschaffen, Werkstoffe und Anlagenkomponenten im Rahmen der Entwicklung einer Prozessführung grundsätzlich mit zu betrachten, gleichzeitig wird jedoch das Treffen von Vereinfachungen zur Reduzierung des Versuchs- und Entwicklungsaufwands ermöglicht.

3 Problemstellung und Lösungsweg

Im vorangegangenen Kapitel wurden die laserbasierte Fertigung von Zerspanwerkzeugen, das Laserstrahlabtragen zur Bearbeitung hochharter Werkstoffe sowie die Grundlagen zur Identifizierung einer Prozessführung beim Laserstrahlabtragen vorgestellt.

Die laserbasierte Fertigung von Zerspanwerkzeugen zeichnet sich durch eine hohe erzielbare Qualität der Schneiden aus und eröffnet erweiterte geometrische Freiheiten gegenüber der konventionellen Werkzeugfertigung durch Schleifen. Somit wird durch den Laser die Entwicklung neuer Werkzeuge zur Lösung von Problemen in der Zerspanung ermöglicht. Hierbei können mittels Laser Spanleitstufen und Oberflächenstrukturen realisiert werden, die mittels Schleifen nicht umsetzbar sind und die in der Zerspanung z.B. einen geringeren Verschleiß oder einen besseren Spanfluss ermöglichen. Die bisherigen Untersuchungen zur laserbasierten Fertigung von Zerspanwerkzeugen, die in Kapitel 2.1 zusammengefasst sind, betrachten einzelne Detailbereiche und es bestehen noch keine lasergefertigten Werkzeugeinsätze mit geometrisch bestimmter Schneide aus PCBN, die zum Drehen oder Fräsen eingesetzt werden können. Auch das Verhalten von Oberflächenstrukturierungen, erzeugt durch Laserbearbeitung an PCBN-Werkzeugen mit geometrisch bestimmter Schneide ist bisher nicht bekannt.

Der Prozess des Laserstrahlabtragens hochharter Werkstoffe zeigt bei der Bearbeitung von polykristallinem Diamant mit ultrakurzen Pulsen bereits großes Potential auf. Der Prozess des Laserstrahlabtrags von PCBN hingegen ist bisher mit Schwerpunkt auf kurzgepulste Laserstrahlung im µs- und ns-Bereich untersucht worden, wobei hohe Oberflächenrauheiten auftreten (vgl. Kapitel 2). Mittels ps-Laser wurden hingegen im Schwerpunkt mittels einer Schneidoptik CBN-Körner auf Schleifstiften abgetragen, ein PCBN-Verbundwerkstoff in der Zusammensetzung für Dreh- und Fräswerkzeuge bisher allerdings nicht. Dies stellt insbesondere aufgrund eines bisher fehlenden Ansatzes zur Übertragung der Prozessentwicklung zwischen den genannten Anwendungen eine Problemstellung dar. So wurden beim Laserstrahlabtragen hochharter Werkstoffe Teilbereiche betrachtet, ein umfassender Wissensstand zum Laserstrahlabtragen von PCBN liegt aber nicht vor und die Leistungsfähigkeit des Abtragens von PCBN mittels Pikosekundenlaserstrahlung sowie der Einfluss verschiedener PCBN-Sorten auf das Abtragergebnis sind unbekannt.

Die Identifizierung von geeigneten Prozessparametern unter Einhaltung der Zielkriterien stellt bei Laserstrahlabtragprozessen eine typische Problemstellung dar. Bezüglich des Themenbereichs der Parameterfindung wurde in Kapitel 2.3 die Anwendung von bereits bestehenden Ansätzen an verschiedenen Laserstrahlabtragprozessen wie DOE-Methoden sowie intuitive, stufenweise Vorgehen aufgezeigt. DOE-Methoden liefern jedoch kein unmittelbares, ganzheitliches Verständnis der Parameterzusammenhänge und Prozessphänomene. Zudem werden bei den intuitiven Vorgehensweisen Werkstoffe und Anlagenkomponenten häufig im Vorwege festgelegt und es kann daher auf eine Änderung der Zielkriterien, bedingt durch eine abgewandelte Zielanwendung, nicht flexibel eingegangen werden. Bisher besteht kein methodisches Vorgehen zur Gestaltung von Abtragprozessen, dessen Ablauf Werkstoff, Anlagentechnik und Prozessführung umfasst und auf Basis von Zielkriterien flexibel angepasst werden kann.

© Springer-Verlag GmbH Deutschland, ein Teil von Springer Nature 2019
C. Daniel, *Laserstrahlabtragen von kubischem Bornitrid zur Endbearbeitung von Zerspanwerkzeugen*, Light Engineering für die Praxis, https://doi.org/10.1007/978-3-662-59273-1_3

Ziel dieser Arbeit ist es daher, einen Musterablauf für die effiziente Entwicklung von Laserstrahlabtragprozessen abzuleiten, zu erproben und dabei die Einhaltung der definierten Zielkriterien abzusichern. Weiterhin sollen Prozessfenster zum Laserstrahlabtragen für ein Spektrum an verschiedenen PCBN-Sorten entwickelt werden. Auf dieser Grundlage ist es Ziel, den entwickelten Laserprozess zu validieren und PCBN-Werkzeuge mit geometrisch bestimmter Schneide unter Ausnutzung von Freiheitsgraden beim Laserstrahlabtragen zu erstellen. Abschließendes Ziel ist die Validierung der Werkzeuge beim Hartdrehen.

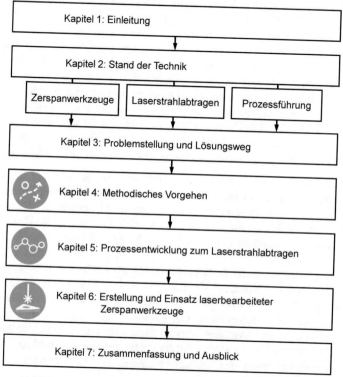

Abbildung 3.1: Struktur der Untersuchungen und Kapitelaufbau

Der Lösungsweg für die aufgezeigten Problemstellungen ist gemeinsam mit dem Kapitelaufbau dieser Arbeit in Abbildung 3.1 dargestellt. Der Ansatz zur Lösung erfolgt in Kapitel 4 durch die Entwicklung eines methodischen Vorgehens für die Prozessentwicklung beim Laserstrahlabtragen. Dieses liefert in Erweiterung zu den nach dem Stand der Technik bisher untersuchten Spezialanwendungen einen systematischen Ablauf für die Entwicklung von Prozessen zum Laserstrahlabtragen. Indem die Gestaltung der methodischen Vorgehensweise grundsätzlich die Möglichkeit liefert, Werkstoffe und Anlagenkomponenten mit zu betrachten, kann das Vorgehen prinzipiell an Problemstellungen aus vielfältigen Anwendungen flexibel angepasst werden. Weiterhin wird durch Anwendung des methodischen Vorgehens ein Prozessverständnis geschaffen, das bei einer Änderung der Zielkriterien eine effiziente Anpassung der Prozesseinstellungen zulässt, ohne eine gänzlich neue Parameterfindung durchlaufen zu müssen.

Auch im Hinblick auf industrielle Prozesse können im Ablauf des methodischen Vorgehens Vereinfachungen getroffen werden und die Zeit sowie der Aufwand für die Prozessentwicklung somit reduziert werden.

Aufbauend auf Kapitel 4 wird die entwickelte methodische Vorgehensweise in Kapitel 5 am Beispiel der Prozessentwicklung zum Laserstrahlabtragen von PCBN-Werkzeugen für den Einsatz bei der Hartzerspanung erprobt, wobei ein grundlegendes Prozessverständnis für das Abtragen einer ausgewählten PCBN-Sorte geschaffen wird. Die Schritte der methodischen Vorgehensweise werden dabei im Detail durchlaufen und es werden Prozessfenster für die Laserbearbeitung der untersuchten PCBN-Sorte identifiziert. Zur Erprobung der Flexibilität der methodischen Vorgehensweise erfolgt die Veränderung von Zielkriterien und daraus resultierend die Übertragung auf andere Werkstoffe für Zerspanwerkzeuge, wobei der bisher erlangte Kenntnisstand genutzt wird, um die Durchführung der Prozessentwicklung effizient zu gestalten.

Die durchgeführte Prozessentwicklung wird in Kapitel 6 im Rahmen der laserbasierten Fertigung von PCBN-Zerspanwerkzeugen angewandt, die zum Drehen oder Fräsen eingesetzt werden können. Ein lasergefertigtes Werkzeug ist dabei identisch spezifiziert wie ein konventionell hergestelltes Referenzwerkzeug, während ein zweites lasergefertigtes Werkzeug darüber hinaus eine Oberflächenstruktur aufweist. Zur Evaluation der Werkzeuge nach der Laserbearbeitung werden diese vermessen und dem konventionell gefertigten Werkzeug gegenübergestellt. Anknüpfend daran erfolgt die Validierung der laserbasiert gefertigten Zerspanwerkzeuge in einem Zerspanprozess zum Hartdrehen, um die Werkzeuge gleichfalls hinsichtlich ihrer Eigenschaften in der Zerspananwendung zu evaluieren.

Die Arbeit schließt in Kapitel 7 mit einer Zusammenfassung der Ergebnisse und einem Ausblick auf zukünftige Forschungsfragen.

4 Methodisches Vorgehen

In technischen Bereichen treten üblicherweise vielfältige Problemstellungen auf wie beispielsweise die in Kapitel 1 dargestellte Forderung nach Konstruktionen aus hochfesten und gehärteten Stählen, das Einbringen von Formkavitäten im Werkzeugbau oder auch eine erforderliche Konditionierung von Oberflächeneigenschaften [90, 91, 147]. Aus der jeweiligen technischen Problemstellung leitet sich eine Bearbeitungsaufgabenstellung mit spezifischen Anforderungen ab, für deren Lösung die Anwendung von Fertigungsverfahren erforderlich ist. In diesem Kontext wird hier die Lösungsmöglichkeit mittels Laserstrahlabtragen betrachtet. Zur Ableitung von Laserstrahlabtragprozessen wurden im Stand der Technik Methoden zur Entwicklung einer Prozessführung dargestellt (vgl. Kapitel 2.3), wobei Werkstoffe und Anlagenkomponenten jedoch häufig im Vorwege festgelegt sind und zudem nicht flexibel auf alternative Anwendungen eingegangen werden kann. Ziel ist es daher, im vorliegenden Abschnitt ein methodisches Vorgehen zu entwickeln, mittels dessen ein Prozess zum Laserstrahlabtragen abgeleitet werden kann, der eine jeweils konkrete Bearbeitungsaufgabenstellung lösen kann. Hierzu ist es notwendig, dass das methodische Vorgehen die Berücksichtigung von Werkstoffkenngrößen, die Anlagentechnik und die Prozessführung umfasst und in seiner Anwendung flexibel auf unterschiedliche Zielkriterien reagiert werden kann. Auf diese Weise wird das methodische Vorgehen auf Problemstellungen für vielfältige Anwendungen anwendbar.

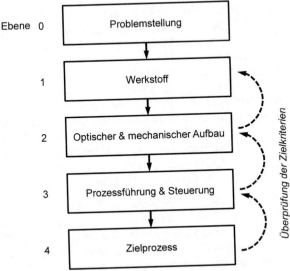

Abbildung 4.1: Ansatz des methodischen Vorgehens zur Laserprozessentwicklung

Der Ansatz für das methodische Vorgehen zur Laserprozessentwicklung ist in Abbildung 4.1 dargestellt. Als Ausgangspunkt wird die jeweilige technische Problemstellung definiert, aus der sich die Bearbeitungsaufgabenstellung ableitet und in Bezug dazu werden Anforderungen an das Prozessergebnis aufgestellt. Eine Werkstoffauswahl im nächsten Schritt erfolgt prioritär auf Basis von Anforderungen der technischen Problemstellung, kann darüber hinaus aber auch Aspekte der fertigungsgerechten Gestaltung umfassen. Zur Ausführung eines Prozesses zum Laserstrahlabtragen ist die zielgerichtete räumliche und informationstechnische Verknüpfung von physikalischen Anlagenkomponenten erforderlich. Im Zuge der Prozessentwicklung sind daher im zweiten Schritt Entscheidungen dazu zu treffen, welche Anlagenkomponenten ausgewählt und verknüpft werden und wie diese Komponenten im dritten Schritt eingestellt und angesteuert werden, d.h. mit welchen Einstellwerten die Stellparameter belegt werden sollen. Im finalen Schritt steht ein Laserstrahlprozess zur Ausführung bereit, der den Anforderungen eingangs definierter Bearbeitungsaufgabenstellung gerecht wird.

4.1 Ableitung von Zielkriterien

Um die dargestellten Entscheidungen schrittweise entlang des Pfades der Laserprozessentwicklung unter Berücksichtigung der Anforderungen aus der Problemstellung treffen zu können, ist entsprechend des Ansatzes der methodischen Vorgehensweise die Ableitung von Zielkriterien notwendig. Sie stellen die Grundlage dar, auf Basis derer Entscheidungen in der Prozessentwicklung getroffen werden. Die Einhaltung der Zielkriterien ist nach jedem Entscheidungsschritt zu überprüfen (vgl. Abbildung 4.1).

Zielkriterien lassen sich anhand der drei Kategorien Qualität, Zeit und Kosten einordnen. So wird einerseits die Qualität des Bearbeitungsergebnisses definiert, die durch technologische Kenngrößen wie z.B. maßliche Toleranzen, Oberflächenrauheit etc. repräsentiert wird. Darüber hinaus stellen effizienzbeeinflussende Faktoren wie der benötigte zeitliche Aufwand für den Durchlauf durch die methodische Prozessentwicklung ein Kriterium zum Treffen von Entscheidungen dar, d.h. wie schnell ein stabiler Prozess bei Einhaltung der Anforderungen und Randbedingungen zu erzielen ist. Darüber hinaus können zudem auch zeitbezogene Kriterien ausschlaggebend sein, die die Geschwindigkeit des Prozesses als solchen, d.h. die Bearbeitungsgeschwindigkeit berücksichtigen. Die dritte Kategorie der Zielkriterien umfasst Gesichtspunkte, die im Hinblick auf eine Verfügbarkeit des Zielprozesses sowie die industrielle Relevanz und Kostenaspekte ein Kriterium zum Treffen von Entscheidungen darstellen.

Da das entwickelte methodische Vorgehen im Verlaufe dieser Arbeit anhand der exemplarischen Prozessentwicklung zum Laserstrahlabtragen von Zerspanwerkzeugen aus PCBN erprobt wird (Kapitel 5), werden im Folgenden konkrete Zielkriterien festgelegt, die als Entscheidungsgrundlage für Festlegungen in Kapitel 5 und Kapitel 6 dienen. Zielkriterien werden aus der Bearbeitungsaufgabenstellung abgeleitet, repräsentiert durch die Erstellung von Zerspanwerkzeugen aus PCBN zur Dreh- oder Fräsbearbeitung von Stählen hoher Festigkeit und Härte, welche in ihrer Leistungsfähigkeit vergleichbar mit konventionellen Werkzeugen oder besser sind. Als Referenz wurden Werkzeugeigenschaften anhand eines konventionell geschliffenen PCBN-Zerspanwerkzeugs aufgenommen (vgl. Kapitel 2, Abbildung 2.1, Kapitel 6, Abbildung 6.1). Das Vorgehen zur Aufnahme von Messgrößen ist in Kapitel 4.5 aufgeführt. Hinsichtlich der auf die

Qualität, Zeit und Kosten bezogenen Zielkriterien werden folgende Merkmale identifiziert, die in der Reihenfolge ihrer Priorisierung wie folgt zu nennen sind:

- Geometrieparameter definieren die Gestalt des Werkzeugs und beeinflussen das Verhalten in der Zerspanung [58]. Für die geometrischen Parameter werden in Anlehnung an die Spezifikationen des Referenzwerkzeugs Toleranzen für Längen wie die Fasenbreite von $\Delta L = \pm 15$ µm, für Winkel wie dem Fasenwinkel $\Delta\gamma = \pm 0,5$ ° und für Radien wie dem Schneidkantenradius von $\Delta r = \pm 2$ µm festgelegt.

- Oberflächen an konventionellen Werkzeugen, die nach dem in Kapitel 4.5 dargestellten Vorgehen vermessen wurden, weisen eine Rauheit von $S_a = 0,2 - 0,6$ µm auf (siehe Kapitel 6.1). Da beim Laserstrahlabtragen häufig größere Oberflächenrauheiten auftreten (vgl. Kapitel 2.2), ist die Oberflächenrauheit im Laserprozess zu minimieren.

- Die Wärmeeinflusszone ist zur Einhaltung der geometrischen Toleranzen bei der Fertigung sowie der Verschleißfestigkeit der Werkzeuge zu minimieren (vgl. Kapitel 2.1). Im Hinblick auf eine thermische Beeinflussung sind das Auftreten von Schmelze sowie die Phasenumwandlung von CBN zu HBN zu vermeiden bzw. auszuschließen.

- Die Trennfuge, die bei der Laserbearbeitung von Werkzeugrohkörpern zu Zerspanwerkzeugen entlang der Schneidkante auftritt (vgl. Kapitel 2.1), weist weitere Qualitätsparameter auf. Hier wurden die Welligkeit der Schneidkante und die Ausprägungsform der Trennfuge als qualitätsbeeinflussende Kriterien identifiziert (siehe Kapitel 5.3.3). In einem Prozess hoher Qualität ist die Welligkeit der Schneidkante zu minimieren, während das Querschnittsprofil der Trennfuge möglichst geringe Höhenunterschiede aufweisen soll.

- Der Bearbeitungsprozess ist stabil gegenüber unsystematischen Störeinflüssen wie z.B. Schwankungen in der Laserleistung, Ungenauigkeiten in der Positionierung oder Maßabweichungen in den Halbzeugen auszulegen. Im Rahmen der Prozessentwicklung ist dieser Aspekt vergleichend zu alternativen Prozesseinstellungen zu beurteilen, d.h. bei bestehenden Alternativen wird das Prozessfenster höherer Robustheit ausgewählt.

- In Bezug auf zeitbezogene Zielkriterien wird zum einen der Volumenabtrag pro Zeit, d.h. die Abtragrate beim Laserstrahlabtragen (vgl. Kapitel 4.5), als charakteristische Größe festgelegt, die es unter Einhaltung der Qualitätskriterien zu maximieren gilt. Darüber hinaus wird auch die Laufzeit des Zielprozesses als Kriterium betrachtet.

- Im Hinblick auf kostenbezogene Kriterien ist der Zielprozess so zu gestalten, dass eine Verfügbarkeit sowie industrielle Relevanz gegeben ist, d.h. Entscheidungen sind unter Einhaltung der Qualitäts- und Zeitkriterien so zu treffen, dass möglichst geringe Kosten zur Realisierung des Laserstrahlabtragprozesses entstehen.

4.2 Prozessrelevante Einflussgrößen

Nachdem im vorangegangenen Abschnitt Zielkriterien festgelegt wurden, auf Basis derer in den Schritten des methodischen Vorgehens Entscheidungen getroffen werden, ist es im Folgenden notwendig, die Freiheitsgrade bei der Prozessentwicklung zum Laserstrahlabtragen zu identifizieren. Hierzu werden Einflussgrößen ausschnittsweise dargestellt, die nach dem Stand der Technik zum Laserstrahlabtragen eine Prozessrelevanz aufweisen (vgl. Kapitel 2.2). Diese sind in Abbildung 4.2 gruppiert nach den Kategorien Werkstoff, Laserstrahlquelle, Strahlformung und -ablenkung sowie Handhabungstechnik aufgeführt. Die Darstellung erfolgt am Beispiel des im weiteren Verlauf im Detail betrachteten Laserstrahlabtragens von PCBN, was sich in den Werkstoffparametern in Abbildung 4.2 wiederspiegelt.

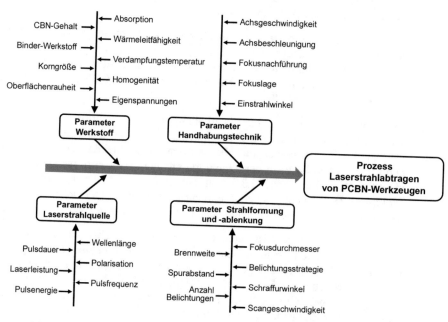

Abbildung 4.2: Einflussgrößen auf den Prozess des Laserstrahlabtragens von PCBN

In der Gruppe der Werkstoffparameter in Abbildung 4.2 stellt die Gesamtheit der werkstoffbezogenen Kenngrößen eine Einflussgröße für den Laserprozess dar und unterschiedliche Werkstoffe weisen voneinander abweichendes Abtragverhalten auf (vgl. Kapitel 2.2). Die direkte Beeinflussung einzelner Größen ist nur im Rahmen der Werkstoffentwicklung möglich, die hier jedoch nicht Teil der Betrachtungen ist. Aus diesem Grund erfolgt in der vorliegenden Arbeit die Veränderung der Parameter auf indirekte Weise durch Auswahl eines jeweiligen Werkstoffs. Der CBN-Gehalt, der Binder-Typ und die Korngröße stellen nach dem Stand der Technik die wichtigsten Parameter zur Beeinflussung der Eigenschaften von PCBN dar (vgl. Kapitel 2.1). Daher werden in Kapitel 4.5 sechs verschiedene PCBN-Werkstoffvarianten identifiziert, mittels derer die Vielfalt an Werkstoffeigenschaften bei PCBN zur Untersuchung der Flexibilität des methodischen Vorgehens für den Laserprozess systematisch abgedeckt wird.

Weiterhin lässt sich das grundlegend erreichbare Prozessergebnis durch das Spektrum an Parametern der Laserstrahlquelle beeinflussen (Abbildung 4.2). So bestimmen z.B. die Wellenlänge, Pulsdauer, Pulsenergie etc., welche grundsätzlichen Abtragphänomene in Erscheinung treten. Das Vorliegen eines Abtrags im Kurzpuls- oder Ultrakurzpulsbereich entscheidet dabei beispielsweise grundlegend über das Ausmaß einer thermischen Einflusszone am Werkstück (vgl. Kapitel 2.2).

Die prozessbeeinflussenden Parameter aus der Gruppe Strahlformung und –ablenkung sorgen für die Konditionierung des Strahls und umfassen, zusammen mit den Parametern der Handhabungstechnik, die dem Prozess zur Verfügung gestellten Freiheitsgrade bei der Positionierung des Laserstrahls auf der Werkstückoberfläche. Zur Gestaltung von Abtragprozessen sind insbesondere Parameter wie die Belichtungsstrategie, die Form der Schraffur sowie der Fokusdurchmesser und die Scangeschwindigkeit von besonderer Relevanz. Hierrüber werden Qualitätskenngrößen wie die Oberflächenrauheit beeinflusst und mit kleineren Fokusdurchmessern können Geometrien feiner aufgelöst werden, wodurch eine präzisere Fertigung möglich ist [110, 134].

4.3 Methodische Vorgehensweise zur Prozessentwicklung beim Laserstrahlabtragen

Mit den bisher gelegten Grundlagen wird im folgenden Abschnitt die detaillierte Ausgestaltung des Ansatzes zur methodischen Vorgehensweise (vgl. Abbildung 4.1) vorgenommen. Das Ergebnis der detaillierten Ausgestaltung ist in Abbildung 4.3 dargestellt. Das methodische Vorgehen wird aus mehreren grundlegenden Bestandteilen zusammengesetzt. Primär führen die in Abbildung 4.3 dargestellten Schritte von der technischen Problemstellung zur Bearbeitungsaufgabenstellung und weiter über den Werkstoff, den optischen und mechanischen Aufbau und die Steuerung hin zum Zielprozess. Als weiterer Bestandteil werden Blöcke der Übergabe eingeführt, die Informationen, Randbedingungen und Eingangsgrößen für den nachfolgenden Entwicklungsschritt darstellen (siehe Legende in Abbildung 4.3). Dritter Bestandteil sind Blöcke zur Festlegung, die die Auswahl von Komponenten und Parametereinstellungen betreffen. Festlegungen erfolgen auf Basis von durchzuführenden Untersuchungen in der Prozessentwicklung, deren Ergebnis mittels der eingeführten Zielkriterien bewertet wird.

Mit dem Treffen von Festlegungen bezüglich der jeweiligen in Abbildung 4.2 aufgeführten Größen, nehmen die Freiheitsgrade bzw. die Einflussmöglichkeiten auf den Zielprozess ab. Die Reihenfolge der Festlegungen ist dabei von Relevanz für die Erlangung des Zielprozesses, wie im weiteren Verlauf erläutert wird. Daher werden im Zuge der weiteren Detaillierung des Vorgehens die in Kapitel 0 identifizierten prozessrelevanten Einflussgrößen den in Abbildung 4.1 eingeführten Schritten des Ansatzes zur methodischen Vorgehensweise bewusst so zugeordnet, dass das Prinzip vom Groben zum Feinen verfolgt wird. So werden die Entscheidungen zuerst getroffen, die Einfluss von grundsätzlichem Charakter auf den Zielprozess haben. Diese werden gefolgt von Entscheidungen, die einen lokalen Optimalpunkt im Prozess beeinflussen.

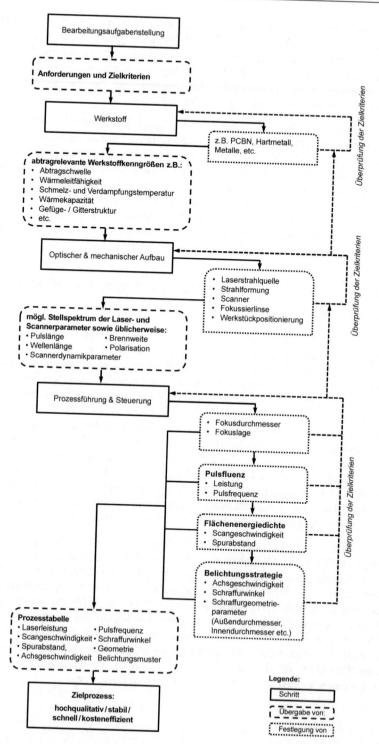

Abbildung 4.3: Detaillierter Ablauf des methodischen Vorgehens zur Laserprozessentwicklung

Im Ablauf des in Abbildung 4.3 dargestellten methodischen Vorgehens werden aus der Bearbeitungsaufgabenstellung zunächst Anforderungen und Zielkriterien abgeleitet. Weiterhin wird im Schritt „Werkstoff" bestimmt, welcher Werkstoff den Anforderungen der technischen Problemstellung gerecht wird. Eine Auswahl des Werkstoffs kann auch auf solche Weise erfolgen, dass (sekundär) eine gute Bearbeitbarkeit bei gleichzeitiger Einhaltung der Anforderungen gegeben ist. Durch die Festlegung wird ein Parameterkomplex an Werkstoffkenngrößen gewählt, welcher zunächst vorgibt, wie der Abtragprozess generell zu gestalten ist, bedingt durch die Abtragschwelle, Wärmeleitfähigkeit, Schmelz- und Verdampfungstemperatur, Wärmekapazität sowie Eigenschaften der Gefüge- und Gitterstruktur.

Im Schritt „Optischer & mechanischer Aufbau" erfolgt unter Berücksichtigung der übergebenen Werkstoffkenngrößen sowie der definierten Zielkriterien die Auswahl von Anlagenkomponenten wie der Laserstrahlquelle, Strahlformungseinheit, Strahlablenkeinheit, Fokussierlinse und die Werkstückpositioniereinheit. Hierdurch wird der Weg zum grundsätzlich angestrebten Zielprozess im groben eingeschlagen und das mögliche Stellspektrum der Laser- und Scannerparameter, die üblicherweise strahlquellenkonstante Pulslänge und Wellenlänge sowie die Polarisation und Brennweite wird an den nachfolgenden Entwicklungsschritt übergeben.

Im Schritt „Prozessführung & Steuerung" erfolgt die Ansteuerung bzw. Einstellung der zuvor festgelegten Komponenten im Rahmen des jeweils möglichen Stellspektrums selbiger. Nachdem die Stellgrößen Fokusdurchmesser und Fokuslage festgelegt werden, erfolgt die systematische Bestimmung der Stellgrößen Laserleistung, Pulsfrequenz, Scangeschwindigkeit und Spurabstand. Die in Abbildung 4.3 sowie Abbildung 4.4 dargestellte Unterteilung dieser Größen in die Gruppen Pulsfluenz und Flächenenergiedichte liefert dabei eine geeignete Möglichkeit, um den Einfluss der Stellgrößen auf das Prozessergebnis systematisch zu untersuchen. Dieses Vorgehen ist erforderlich, da sich die Stellgrößen der Pulsfluenz und Flächenenergiedichte wechselseitig beeinflussen, wie folgend dargelegt. Die Parameter mittlere Leistung P und Pulsfrequenz f definieren die Energie eines Einzelpulses und daher auch die Pulsfluenz F_P (Abbildung 4.4). Dies beschreibt die Energie, die auf die Oberfläche eines Werkstücks trifft und von der Laserstrahlquelle innerhalb eines einzelnen Pulses abgegeben wird. Im Hinblick auf die flächige Belichtung stellen der Spurabstand SA und der Pulsabstand PA ein Maß der flächigen Verteilung der Einzelpulse, d.h. der Pulsenergieverteilung auf die Belichtungsfläche dar. Der Pulsabstand ist dabei durch den Quotienten aus Scangeschwindigkeit und Pulsfrequenz definiert (vgl. Kapitel 4.5) und stellt somit eine indirekte Kontrollvariable mit multikausalem Zusammenhang dar, da eine Änderung der Pulsfrequenz sich sowohl auf die Pulsfluenz als auch auf den Pulsabstand auswirkt. Die Pulsfluenz und die Belichtungsverteilung lassen sich schließlich zur Flächenenergiedichte zusammenführen, die sich somit auf eine Reihe von mehreren Pulsen bzw. auf eine Pulsfolge bezieht.

Auf dieser Basis wird zur Schaffung eines Verständnisses des Abtragverhaltens für einen jeweiligen Werkstoff bei gleichzeitig stark begrenzter Anzahl an notwendigen Versuchen, die systematische Untersuchung von Pulsfluenz und Flächenenergiedichte in zwei Schritte unterteilt. Zunächst wird eine Variation der Stellgrößen mittlere Laserleistung und Pulsfrequenz durchgeführt. Die Stellgrößen Spurabstand SA und Pulsabstand PA werden dabei konstant gehalten, um eine Aussage über das flächige Abtragverhalten ausschließlich bei variierter Pulsfluenz abzuleiten. Im Anschluss wird eine geeignete Einstellung der mittleren Leistung und Pulsfrequenz festgelegt und im zweiten

Schritt eine Untersuchung der Flächenenergiedichte mit variablem Spurabstand *SA* und Pulsabstand *PA* durchgeführt. Durch eine auf der Flächenenergiedichte basierenden Auswertung kann ein direkter Vergleich der Ergebnisse der Untersuchung von Pulsfluenz und Flächenenergiedichte vorgenommen werden, sodass das Versuchsvorgehen Erkenntnisse bezüglich der Abtragcharakteristik unter Variation aller vier Kontrollvariablen bietet.

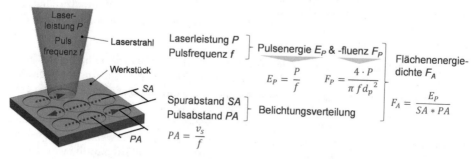

Abbildung 4.4: Parametereinfluss auf Pulsfluenz und Flächenenergiedichte

Abschließend ist im Schritt „Prozessführung & Steuerung" die Belichtungsstrategie festzulegen. Nach Festlegung der vorangegangenen Parameter entscheidet die Belichtungsstrategie darüber, wie sich die qualitative und quantitative Zielerreichung des Prozessergebnisses darstellen. Die Umsetzung der Belichtungsstrategie erfolgt vor allem softwareseitig [21]. Sie steht hinsichtlich ihrer Form und Größe in direkter Abhängigkeit zu der zu belichtenden Geometrie aus der Bearbeitungsaufgabenstellung und es ist unter anderem festzulegen, ob der Abtrag in lateraler oder axialer Strahlrichtung erfolgt. Darüber hinaus werden Herangehensweisen zur Untersuchung und Festlegung der Belichtungsstrategie in Kapitel 5.3.3 sowie Kapitel 5.5.3 vertieft.

Damit nach Durchlaufen des methodischen Vorgehens zur Laserprozessentwicklung geeignete Einstellungen für einen Zielprozess vorliegen, ist die Einhaltung der definierten Zielkriterien kontinuierlich zu prüfen (vgl. Abbildung 4.1, Abbildung 4.3). In dem Fall, dass Zielkriterien nicht eingehalten werden können, sind getroffene Entscheidungen zu hinterfragen und in Folge ggf. Parameterfenster anzupassen. Hierbei ist ein schrittweise rückwärtsgerichtetes Vorgehen und ggf. auch die Einbeziehung vorangegangener Entwicklungsschritte sinnvoll, um auf effiziente Weise den angestrebten Zielprozess zu erreichen.

4.4 Flexibilität des methodischen Vorgehens

Im Hinblick auf die aus dem Stand der Technik abgeleitete Forderung nach einer Übertragbarkeit der Prozessentwicklung auf andere Problemstellungen beim Laserstrahlabtragen, werden die vorgesehenen Möglichkeiten der flexiblen Gestaltung der in den vorangegangenen Abschnitten definierten methodischen Vorgehensweise beschrieben. Die notwendige Flexibilität in der methodischen Vorgehensweise ist durch den in Kapitel 4 und Abbildung 4.1 dargestellten Ansatz sowie durch die folgende Ausgestaltung und den Aufbau der methodischen Vorgehensweise in dieser verankert.

Eine Flexibilität wird einerseits dadurch geschaffen, dass im Ablauf des methodischen Vorgehens Entwicklungsschritte reduziert werden können. Auf diese Weise lässt sich das methodische Vorgehen im Bedarfsfall auf einen Ansatz der Entwicklung eines speziellen Laserprozesses unter z.B. festgelegtem Werkstoff sowie Anlagenkomponenten oder Belichtungsmuster reduzieren. Eine Flexibilität wird weiterhin dadurch geschaffen, dass Entscheidungen zur Auswahl und Festlegung von Werkstoffen, Komponenten und Parametern auf vielfältiger Basis getroffen werden können. So können z.B. Erkenntnisse nach dem Stand der Technik, Herstellerangaben zu Eckdaten von Komponenten, Stichversuche, Simulationen oder detaillierte Versuchsreihen als Entscheidungsbasis herangezogen werden. Hierdurch lässt sich die methodische Vorgehensweise in vielfältigen Anwendungsszenarien einsetzen. Darüber hinaus lässt sich mittels der in Kapitel 4.1 eingeführten Zielkriterien variabel definieren, auf welchen Schritt in der methodischen Vorgehensweise der Schwerpunkt der Entwicklung gelegt wird. Auch im Falle eines bereits bestehenden Prozesses, der mittels des methodischen Vorgehens entwickelt wurde, kann auf Basis des Prozessverständnisses eine Änderung der Zielkriterien und dadurch eine flexible und effiziente Anpassung der Prozessausgestaltung erfolgen, ohne eine gänzlich neue Prozessentwicklung durchlaufen zu müssen. In Bezug auf die Anpassbarkeit an eine Prozessentwicklung im industriellen Umfeld kann hierfür z.B. das Zielkriterium definiert werden, die Problemstellung mit möglichst geringem Kostenaufwand zu lösen. Auf dieser Basis können im Ablauf des methodischen Vorgehens dann Vereinfachungen getroffen werden und beispielsweise bestehende Anlagenkomponenten genutzt werden, soweit dies mit den Randbedingungen in Übereinstimmung zu bringen ist. Auf diese Weise kann die Zeit sowie der Aufwand reduziert und die Prozessentwicklung für eine industrielle Anwendung effizient gestaltet werden.

Die Erprobung der Flexibilität des methodischen Vorgehens erfolgt in der vorliegenden Arbeit durch Änderung der Bearbeitungsaufgabenstellung in Kapitel 5.5, wobei die in Kapitel 4.5 beschriebenen PCBN-Sorten untersucht werden. Als Maßnahme zur Reduzierung des Aufwands für einen erneuten Durchlauf der Prozessentwicklung, werden die Erkenntnisse aus Kapitel 5.1 bis Kapitel 5.4 genutzt. Darüber hinaus wird zur weiteren Erprobung der Flexibilität eine Bearbeitungsaufgabenstellung untersucht, die die Fertigung von Spanleitstufen hoher Oberflächenqualität in Hartmetall erfordert. Auf Basis der abgeleiteten Änderungen in den Zielkriterien, erfolgt neben der Prozessentwicklung für eine Hartmetallsorte eine weiterführende Untersuchung mit Fokus auf die Belichtungsstrategie.

4.5 Versuchs- und Analysetechnik

Nachdem in den vorangegangenen Abschnitten das methodische Vorgehen entwickelt und Zielkriterien festgelegt wurden, werden im vorliegenden Teil die Rahmenbedingungen für die experimentellen Untersuchungen der vorliegenden Arbeit definiert. Zunächst werden in den Untersuchungen betrachtete Werkstoffsorten sowie das Vorgehen zur Messung von Strahleigenschaften vorgestellt. Im Anschluss daran wird das Vorgehen für die messtechnische Auswertung von Versuchen sowie für die Versuchsauswertung relevante Kenngrößen definiert.

Tabelle 4.1: Aufstellung des Portfolios an PCBN-Sorten [43–46]

Hauptunterschei- dungskriterium	Bezeichnung	Hersteller	CBN- Gehalt	Binder	mittlere Korngröße	Einsatzbereich
CBN-Gehalt	PCBN-90	Diamond Innovations	90%	keramisch (Titanbasierte Cermet-Matrix TiC / TiN)	2 µm	• gehärtete Stahllegierungen > 45HRC • Hartguss > 45HRC • Sinterstähle • stark unterbrochene Schnitte
	PCBN-65	ILJIN	65%	keramisch (Ti-Nitride)	3 µm	• gehärtete Stähle • hohe Schnitt- geschwindigkeiten • unterbrochene Schnitte
	PCBN-50	Diamond Innovations	50%	keramisch (TiN-basiert)	2 µm	• gehärtete Stahllegierungen > 45HRC • Schlichten • Hartdrehen • unterbrochene Schnitte
	PCBN-45	Element 6	45%	keramisch (TiCN)	< 1 µm	• Hartdrehen • moderat unterbrochene Schnitte • Schlichten
Binder	PCBN-me	Tigra	90%	metallisch (Al, Ni, Co)	1 µm	• hochwarmfeste Legierungen (z.B. Inconel) • Guss
	PCBN-wc	Diamond Innovations	90%	keramisch (Wolframkarbid Matrix)	2 µm	• Schruppen • unterbrochende Schnitte

Auf Basis des Stands der Technik und zur Identifizierung des Einflusses der PCBN-Sorten auf das Ergebnis beim Laserstrahlabtragen, wurden in einer Analyse die in Tabelle 4.1 dargestellten Werkstoffsorten ermittelt, die ein Spektrum an Eigenschaften von PCBN-Sorten aufweisen. Hierbei wird hinsichtlich der unterschiedlichen PCBN-Sorten ein Schwerpunkt einerseits auf den CBN-Gehalt sowie andererseits auf den Binder-Typ gelegt, da diese beiden Größen in ihrer Bandbreite am meisten angepasst werden für unterschiedliche Einsatzfälle in industriellen Zerspananwendungen [28]. In Tabelle 4.1 sind sowohl niedrig als auch hoch CBN-haltige Sorten, metallische und keramische Bindertypen als auch verschiedene Werkstoffhersteller angeführt. Die Korngröße wird im Bereich von $d_K = 1 - 3$ µm variiert, was zusammengefasst als Feinkorn angesehen werden kann. Da bei feinem Korn eine hohe Anzahl an Korngrenzen vorliegt, führt dies fast ausschließlich zu besseren Eigenschaften im Hinblick auf die Zerspananwendung. Eine feine Korngröße führt zu einer hohen Zähigkeit des PCBN zusammen mit einer hohen Härte sowie Warmhärte. Den einzig negativen Einfluss stellt eine signifikant niedrige Wärmeleitfähigkeit dar, allerdings erst bei einem CBN-Gehalt von $c > 90$ % [36, 51]. In der Praxis werden zumeist Sorten mit einem CBN-Gehalt von bis zu $c \approx 90$ % eingesetzt, wobei folglich nur ein geringer Einfluss der Korngröße auf die Wärmeleitfähigkeit vorliegt [28]. Zudem wird durch die geringe Korngröße die Streubreite im Zerspanweg bzw. in der Standmenge verringert und der Verschleiß im Zerspanprozess somit zuverlässiger vorhersagbar [28]. Aus diesem Grund liegt in der Praxis das deutliche Schwergewicht beim Einsatz von Feinkorn-PCBN-Sorten [28], sodass dieses auch hier untersucht wird. Im Hinblick auf das Laserstrahlabtragen ist zu erwarten, dass eine geringe Korngröße zu einem gleichmäßigen Verhalten beim Abtrag aufgrund einer homogenen Verteilung der jeweiligen Werkstoffeigenschaften von CBN-Korn und Bindermatrix führt.

Durch die in Tabelle 4.1 aufgeführten PCBN-Sorten wird ein breites Feld an verschiedenen möglichen Einsatzbereichen abgedeckt, welche sowohl die Bearbeitung von Stählen hoher Festigkeit und Härte als auch die Guss- sowie die Schrupp- und Schlichtbearbeitung im unterbrochenen und kontinuierlichen Schnitt abdecken. Die dargestellten Sorten stellen die Basis an PCBN-Werkstoffen für diese Arbeit dar, wobei die Auswahl einzelner PCBN-Sorten im Detail in Abhängigkeit der jeweiligen Bearbeitungsaufgabenstellung bei Anwendung des in Kapitel 4.3 beschriebenen methodischen Vorgehens erfolgt.

Im Vorwege der Durchführung von experimentellen Untersuchungen im Rahmen dieser Arbeit wird der Laserstrahl der jeweiligen Strahlquelle unter Variation der strahlquellenspezifischen Stellgrößen vermessen. Dies verfolgt den Zweck, zum einen eine Kenntnis des Verhaltens der jeweiligen Strahlquelle in die Untersuchungen sowie deren Analyse einfließen zu lassen und zum anderen, um Störeinflüsse auf die Versuchsergebnisse durch z.B. eine verringerte Strahlqualität auszuschließen, die zu einer Verzerrung des gaußförmigen Strahlprofils und in Folge zu einem ungleichmäßigen Abtrag führen kann. Die Messung der mittleren Leistung des jeweiligen Laserstrahls erfolgt mittels eines Leistungsmessgeräts Gentech UP55G mit einer spektralen Bandbreite im Bereich von $\lambda = 0{,}19 - 20$ µm und einer Auflösung von $\Delta P = 0{,}015$ W [148]. Die Messung des Fokusdurchmessers, der Strahlkaustik (vgl. Abbildung 2.3, Abbildung 4.5) sowie der Strahlqualität erfolgt mittels eines Primes Mikro Spot Monitors mit einer spektralen Bandbreite von $\lambda = 248 - 1.100$ nm und einer durch das Objektiv beugungsbegrenzten Auflösung von bis zu $\Delta xy = 0{,}5$ µm pro CCD-Sensorpixel [149]. Die Messung des Fokusdurchmessers d_f erfolgt nach DIN ISO 11146-1, sodass bei der messtechnischen Bestimmung durch optoelektronische Prinzipien die gaußförmige Intensitätsverteilung im Strahlquerschnitt zur Bestimmung herangezogen wird [97, 149, 150]. Der Fokusdurchmesser ist hierbei entsprechend der zweiten Momenten-Methode definiert als der Durchmesser, bei dem die Intensität auf $1/e^2$ vom maximalen Wert I_0 abgefallen ist [97, 150].

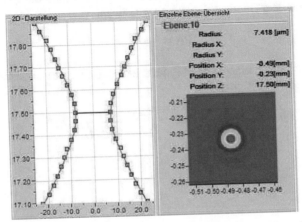

Abbildung 4.5: Vermessung der Strahlkaustik; Laserparameter: $t_P = 10$ ps, $\lambda = 1.064$ nm, $P = 17$ W, $f = 1.000$ kHz, $F = 100$ mm

Im Anschluss an die Bestimmung der jeweiligen charakteristischen Strahleigenschaften werden im Rahmen der Arbeit experimentelle Untersuchungen durchgeführt. Diese werden jeweils mindestens fünfmal wiederholt, um eine Reproduzierbarkeit abzusichern. Die Auswertungen der experimentellen Untersuchungen werden an dem Laser-Konfokal-Mikroskop vom Typ Keyencc VK-8710 durchgeführt. Mittels eines Messlasers mit einer Wellenlänge von $\lambda = 658$ nm erfolgt eine flächige, schichtweise Abtastung des zu vermessenden Körpers. Durch Rückreflektion des Messlasers von der Werkstückoberfläche durch die Konfokaloptik auf den Messsensor werden Höheninformationen gewonnen und ein dreidimensionales Messergebnis hoher Tiefenschärfe bestimmt. Die kleinste erreichbare Auflösung des Messsystems beträgt 10 nm bei einer Wiederholgenauigkeit von 30 nm und Vergrößerungen zwischen Faktor 100 und 1.000 [151]. Auf diese Weise werden in den nachfolgenden Abschnitten geometrische Messgrößen in der Ebene sowie im dreidimensionalen Raum, wie die Abtragtiefe h_A, Spurbreite d_w, Fasenbreite L, Radius R und Fasenwinkel γ bestimmt.

Zur Beurteilung von Oberflächen werden Rauheitsmessungen ebenfalls mittels des Mikroskops Keyence VK-8710 durchgeführt. Es wird ein optisches Messverfahren herangezogen, da dieses eine genauere Beurteilung der Prozessergebnisse ermöglicht als durch taktile Verfahren. Bei letzterem werden Oberflächen mit einer Tastspitze mit Radius mechanisch abgetastet und feine Oberflächendefekte mit einem hohen Aspektverhältnis wie z.B. Risse werden weniger gut erfasst [152]. Bei einer optischen Messung hingegen ist die Erfassungsgenauigkeit lediglich beugungsbegrenzt [151]. In Bezug auf die Oberflächenrauheit werden im Rahmen dieser Arbeit die maximale Oberflächenrauheit S_z [µm] und die mittlere arithmetische Oberflächenrauheit S_a [µm] nach DIN EN ISO 25178 flächig bestimmt [153]. Die Messungen werden jeweils mit einer 400-fachen Vergrößerung durchgeführt und erfolgen an sechs Einzelflächen.

Weiterhin werden im Folgenden für diese Arbeit relevante Berechnungs- bzw. Kenngrößen definiert. Diese Größen werden in Kapitel 5 zur Charakterisierung von Prozessphänomenen und zur Entscheidung bzgl. der Festlegung von Prozessfenstern genutzt. Der auf der Werkstückoberfläche auftretende Abstand zwischen zwei direkt aufeinanderfolgend emittierten Laserpulsen wird durch den Pulsabstand PA [µm] beschrieben. Der Pulsabstand ist abhängig von der Scangeschwindigkeit v_S und der Pulsfrequenz f und errechnet sich aus dem Quotient dieser beiden Größen.

$$PA = \frac{v_S}{f} \tag{4.1}$$

Der prozentuale Pulsüberlapp $PÜ$ [%] lässt sich aus dem Pulsabstand PA und dem Fokusdurchmesser d_P bestimmen.

$$PÜ = \left(1 - \frac{PA}{d_P}\right) * 100 = \left(1 - \frac{v_S}{d_P * f}\right) * 100 \tag{4.2}$$

Das abgetragene Volumen pro Zeit wird als Abtragrate Q_A [mm³/min] definiert. Je höher die Abtragrate, desto mehr Volumen wird pro Zeit abgetragen. Die Abtragrate ist abhängig von der Scangeschwindigkeit v_S, dem Spurabstand SA und der mittleren Schichttiefe h_S.

$$Q_A = v_S * SA * h_S \qquad (4.3)$$

Die Abtrageffizienz η [mm³/kJ] setzt den volumetrischen Abtrag mit der eingebrachten Energie ins Verhältnis. Hierzu wird der Quotient aus Abtragrate Q_A und der mittleren Leistung P gebildet. Die Abtrageffizienz beschreibt den Wirkungsgrad des Laserstrahlabtragprozesses. Je höher die Abtrageffizienz, desto mehr der ins Werkstück eingebrachten Energie wird für den Abtrag verwendet. Die Abtrageffizienz ist von verschiedenen Faktoren abhängig, wie beispielsweise der Reflexion am Werkstück, der Strahlungsabschirmung aufgrund von Plasmabildung oder der Wärmeeinbringung ins Werkstück, ohne dass ein Beitrag zum Abtrag geleistet wird.

$$\eta = \frac{Q_A}{P} \qquad (4.4)$$

Die pulsbezogene Abtragrate Q_P [nm/Puls] beschreibt die durchschnittliche Abtragtiefe pro Laserpuls. Sie wird zur Ermittlung der Abtragschwelle herangezogen, indem die pulsbezogene Abtragrate logarithmisch über die Flächenenergiedichte aufgetragen und der Schnittpunkt mit der Achse der Flächenenergiedichte ermittelt wird [127]. Die pulsbezogene Abtragrate lässt sich über folgende Formel berechnen.

$$Q_P = \frac{h_S}{F_A/F_P} \qquad (4.5)$$

Die Pulsfluenz bzw. mittlere Pulsenergiedichte F_P [J/cm²] wird durch die auf die Fläche des Fokusdurchmessers d_P bezogene Pulsenergie E_P definiert. Je geringer der Fokusdurchmesser, desto größer ist die Pulsenergiedichte.

$$F_P = \frac{E_P}{\pi * \left(\frac{d_P}{2}\right)^2} = \frac{P}{\pi * f * \left(\frac{d_P}{2}\right)^2} \qquad (4.6)$$

Darüber hinaus gibt die mittlere Flächenenergiedichte F_A [J/cm²] den Energiebetrag pro Fläche an, der bei einem einzelnen Durchgang des Abtragprozesses auf das Werkstück einwirkt. Die Flächenenergiedichte ist abhängig von der Pulsenergie E_P sowie dem Pulsabstand PA und dem Spurabstand SA. Sie beschreibt die Energie, die bei Belichtung innerhalb einer Normierungsfläche mit der Größe $SA \cdot PA$ auftrifft. Je geringer der Pulsabstand, desto größer ist die Flächenenergiedichte F_A. Die Flächenenergiedichte F_A lässt sich wie folgt berechnen.

$$F_A = \frac{E_P}{SA * PA} = \frac{E_P * f}{SA * v_s} \qquad (4.7)$$

Es ist zu erwähnen, dass es sich bei der Flächenenergiedichte um eine Größe handelt, mit der die im Mittel auf das Werkstück auftreffende Energie pro Fläche beschrieben wird. Die Flächenenergiedichte hat daher nicht zum Ziel, die genaue Energieverteilung an jeder Position der Fläche zu charakterisieren. So kann es z.B. bei geringen Puls- bzw.

Spurüberlappungen beim Laserstrahlabtragprozess zum Auftreten von einzelnen Bereichen kommen, die nicht belichtet werden, während überlappende Pulsflächen einen
hohen Energieeintrag erfahren, was zu ungleichmäßigen Abtragergebnissen führen kann.
Soll bei der Bearbeitung bei jedem Durchgang die gesamte Fläche belichtet werden, so
muss folgende Bedingung eingehalten werden.

$$s_{P,max} = \sqrt{PA^2 + SA^2} < d_f \qquad (4.8)$$

Dabei beschreibt $s_{p,max}$ den maximalen Abstand von zwei Pulsen. Dieser wird durch das
Aufspannen des Dreiecks aus SA, PA und $s_{p,max}$ berechnet (Abbildung 4.6). Solange $s_{p,max}$
kleiner als d_f ist, wird die gesamte Bearbeitungsfläche belichtet.

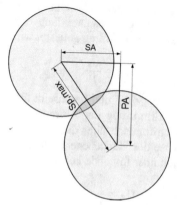

Abbildung 4.6: Schematische Darstellung des maximalen Abstands zwischen zwei Pulsen $s_{p,max}$

5 Prozessentwicklung zum Laserstrahlabtragen

Nachdem im vorangegangenen Kapitel 4 eine methodische Vorgehensweise zur Ableitung von Laserstrahlabtragprozessen vorgestellt wurde, ist das Ziel der Untersuchung im vorliegenden Abschnitt, diese am Beispiel der Prozessentwicklung zum Laserstrahlabtragen von PCBN-Zerspanwerkzeugen zu verifizieren. Die Schritte der methodischen Vorgehensweise werden dabei im Detail durchlaufen und es wird ein grundlegendes Prozessverständnis für das Laserstrahlabtragen einer ausgewählten PCBN-Sorte geschaffen. Im Anschluss erfolgt der Nachweis der in Kapitel 4.4 beschriebenen Flexibilität der methodischen Vorgehensweise anhand der Veränderung von Zielkriterien. Dabei erfolgt die Übertragung der Prozessentwicklung auf verschiedene PCBN-Sorten sowie eine Hartmetall-Sorte unter Veränderung der Zielkriterien.

5.1 Bearbeitungsaufgabenstellung und Werkstoff

Die technische Problemstellung als Ausgangspunkt zum Einstieg in das methodische Vorgehen zur Laserprozessentwicklung (vgl. Abbildung 4.3) ist durch die in Kapitel 2.1 begründete Forderung nach leistungsfähigen Zerspanwerkzeugen zur Bearbeitung von Stählen hoher Festigkeit und Härte mit geometrisch bestimmter Schneide definiert. Die konkrete Bearbeitungsaufgabe für die Laserprozessentwicklung wird am exemplarischen Anwendungsfall von Zerspanwerkzeugen zum Hartdrehen von hochfestem legierten Stahl 100Cr6 unter hohen Schnittgeschwindigkeiten von $v_c = 200 - 400$ m/min durchgeführt, wobei der Werkstoff eine maximale Zugfestigkeit von $R_m > 2.180$ N/mm aufweist [154]. Bezüglich der Definition von Zielkriterien für die Entwicklung des Laserprozesses sei auf Kapitel 4.1 verwiesen. Abgeleitet aus den Anforderungen der Zerspananwendung, unter Berücksichtigung der kontinuierlichen und unterbrochenen Bearbeitung von Stahllegierungen hoher Härte wie z.B. bei der Zerspanung von Bremsscheiben und Ritzelwellen, wird die PCBN-Sorte PCBN-90 für die weitere Prozessentwicklung ausgewählt. Hier wird der Werkzeugverschleiß hauptsächlich durch Abrieb verursacht und es werden stabile Schneidkanten benötigt. Die Sorte PCBN-90 setzt sich aus einem CBN-Anteil von $c = 90$ %, einer mittleren Korngröße von $d_K = 2$ µm sowie einem keramischen Binder auf Titanbasis zusammen [43]. Die Oberflächenrauheit des Werkzeugrohkörpers als Ausgangsoberfläche wurde nach DIN EN ISO 25178 bestimmt und beträgt $S_a = 0,80$ µm. Als Werkzeuggrobgeometrie für die Prozessentwicklung wird die Form von Wendeschneidplatten vom Typ T nach ISO 1832 festgelegt (vgl. Abbildung 2.1b, Abbildung 6.1), da diese universell einsetzbar sind und somit eine große Relevanz hinsichtlich der Zerspananwendung aufweisen (vgl. Kapitel 6). Die Bearbeitungsaufgabe für den Laserprozess wird daher zunächst anhand der Erstellung einer geraden Schneidkante betrachtet, wodurch die Entwicklung eines Laserprozesses hoher Qualität unter kontrollierten Bedingungen ermöglicht wird.

© Springer-Verlag GmbH Deutschland, ein Teil von Springer Nature 2019
C. Daniel, *Laserstrahlabtragen von kubischem Bornitrid zur
Endbearbeitung von Zerspanwerkzeugen*, Light Engineering für
die Praxis, https://doi.org/10.1007/978-3-662-59273-1_5

5.2   Optischer und mechanischer Aufbau

Im vorliegenden Entwicklungsschritt werden Komponenten des optischen und mechanischen Aufbaus, wie die Laserstrahlquelle, Komponenten zur Strahlformung, die Strahlablenkeinheit, Fokussierlinse und Werkstückpositionierung festgelegt. Die Eigenschaften dieser Komponenten definieren das mögliche Stellspektrum der Parameter, die an den nachfolgenden Schritt Prozessführung übergeben werden (vgl. Abbildung 4.3). Dabei wird entlang des Strahlweges beginnend bei der Laserstrahlquelle vorgegangen (siehe Abbildung 5.1). Auf diese Weise wird systematisch bei der Komponente mit dem größten und grundlegenden Einfluss auf den Prozess begonnen und die Randbedingungen für im Strahlweg nachgelagerte Komponenten werden geliefert. Diese Randbedingungen umfassen z.B. die Pulsdauer, die Energiedichte im Laserstrahl sowie das Wellenlängenspektrum. Für diese Parameter sind die optischen Komponenten, wie u.a. die im Laserstrahlabtragsystem enthaltenen Umlenkspiegel (vgl. Abbildung 5.1), auszulegen.

5.2.1   Bewertung und Auswahl von Strahlquellen

In Kapitel 2.2 wurden mögliche Strahlquellen zum Laserstrahlabtragen von harten und hochharten Werkstoffen mit Pulsdauern im Nano- (ns), Piko- (ps) sowie Femtosekundenbereich (fs) vorgestellt. Für die Entwicklung eines Laserstrahlabtragprozesses von PCBN wird daher im Folgenden eine Strahlquelle durch methodisches, systematisches Vorgehen ausgewählt. Hierzu findet eine Bewertung und Auswahl möglicher Strahlquellen in Anlehnung an Richtlinie VDI 2225 statt [155]. Bezüglich detaillierter Abläufe und Vorgehensweisen der im Folgenden angewandten Punktbewertungs- und Auswahlmethode sei auf Pahl und Beitz verwiesen [156].

Bei der systematischen Auswahl in Anlehnung an Richtlinie VDI 2225 ist die Festlegung von Bewertungskriterien erforderlich. In Übereinstimmung mit den in Kapitel 4.1 definierten Kriterien wurden im Hinblick auf die Bearbeitungsaufgabe die erzielbare geometrische Präzision, die erzielbare Oberflächenqualität und die thermische Beeinflussung als Qualitätskenngrößen herangezogen. Als zeitbezogene Größe fließt die erreichbare Abtragrate und als kostenbezogene Größen die Anschaffungs- sowie Instandhaltungs- und Wartungskosten in die Bewertung ein. Die Bewertung hinsichtlich der Kriterienerfüllung der möglichen Strahlquellen erfolgt nach einem standardisierten Schlüssel, dessen Einsatz insbesondere dann erforderlich ist, wenn Kriterien qualitative Merkmale oder Größenbereiche zugeordnet werden [156]. In einer Punktematrix erfolgt daher die Zuordnung numerischer Punkte zu den Bewertungsgrößen (Tabelle 5.1). Die Abstufungen für die Kriterien geometrische Präzision, Oberflächenqualität, thermische Beeinflussung und Abtragrate wurde auf Basis des Stands der Technik definiert (vgl. Kapitel 2.1 und Kapitel 2.2). Hier wurden z.B. in Hinblick auf die erreichbare geometrische Präzision charakteristische Werte wie die Fokussierbarkeit und der so erreichbare Fokusdurchmesser herangezogen. In Bezug auf das Kriterium der Anschaffungskosten wurde eine Marktrecherche durchgeführt und die Stufen in Tabelle 5.1 bezogen auf die Anschaffungskosten für einen Pikosekundenlaser (siehe Tabelle 5.5) normiert. Das kostenbezogene Kriterium der Wartung und Instandhaltung wurde anhand dreier Strahlquellen über einen Zeitraum von fünf Jahren erhoben und ist auf die ursprünglichen Erstanschaffungskosten bezogen aufgeführt (Tabelle 5.1).

Tabelle 5.1: Punktematrix

Kriterien		4 ++	3 +	2 o	1 -	0 --
Qualität	geometrische Präzision [µm]	< 20	< 50	< 100	< 150	≥ 150
	Oberflächenqualität [µm]	< 0,5	< 1	< 1,5	< 2	≥ 2
	thermische Beeinflussung [µm]	≤ 1	< 2	< 3	< 4	≥ 4
Zeit	Abtragrate [mm³/min]	> 20	> 10	> 5	> 2	≤ 2
Kosten	Anschaffungskosten [%]	< 25	< 75	75 – 125	> 125	≥ 125
	Wartung / Instandhaltung [% der Anschaffung]	0	< 5	< 10	< 15	≥ 15

Anhand der beschriebenen Punktematrix werden Punktbewertungen für die in der Prozessentwicklung möglichen Strahlquellen mit Pulsdauern im Nano-, Piko- sowie Femtosekundenbereich in einer Eigenschaftenmatrix vergeben (Tabelle 5.2). Während sich bei ns-Lasern mit kurzen Pulslängen hohe Abtragtraten im Vergleich zu ultrakurzen Pulsen erzielen lassen (vgl. Kapitel 2.2), werden ps- und fs-Laser eingesetzt, um eine hohe Präzision und hohe Oberflächengüten zu Lasten der Abtragrate zu realisieren (vgl. Kapitel 2.2). Zudem zeichnet sich die Bearbeitung mit ps- und fs-Lasern dadurch aus, dass eine geringe Wärmeeinflusszone auftritt, während bei fs-Lasern jedoch die Anschaffungskosten hoch und die Robustheit gering ausfallen, sodass eine Instandsetzung vergleichsweise häufig erforderlich ist (vgl. Kapitel 2.2).

Tabelle 5.2: Eigenschaftenmatrix

Kriterien		Strahlquelle		
		ns-Laser	ps-Laser	fs-Laser
Qualität	geometrische Präzision	o	+	++
	Oberflächenqualität	o	+	+
	thermische Beeinflussung	-	++	++
Zeit	Abtragrate	++	+	--
Kosten	Anschaffungskosten	++	o	--
	Wartung / Instandhaltung	+	o	-

Im weiteren Verlauf wird ein Paarvergleich der Bewertungskriterien durchgeführt, um eine Priorisierung der Kriterien vorzunehmen. Hierbei werden die Kriterien paarweise miteinander verglichen und ihre Wichtung entsprechend der Entscheidung „wichtiger als" (2), „gleich wichtig" (1) oder „weniger wichtig als" (0) festgelegt. In Tabelle 5.3 ist das Ergebnis des Paarvergleichs aufgeführt, wobei qualitätsbezogene Kriterien höher gewichtet wurden als zeit- und kostenbezogene Kriterien. Dieses Vorgehen wurde gewählt, da für die Prozessentwicklung des Laserstrahlabtragens von PCBN-Zerspanwerkzeugen im ersten Schritt die technische Machbarkeit unter Einhaltung der definierten Anforderungen gegeben sein muss, jedoch im Weiteren ebenfalls zeit- und kostenrelevante Aspekte zu berücksichtigen sind (vgl. Kapitel 4.1). Aus den Werten der Paarvergleichsmatrix errechnen sich Gewichtungsfaktoren, die zusammen mit der oben durchgeführten Bewertung als Informationen in die Bewertungsmatrix (Tabelle 5.4) einfließen.

Tabelle 5.3: Paarvergleich

Kriterien	geometrische Präzision	Oberflächen- qualität	thermische Beeinflussung	Abtragrate	Anschaffungs- kosten	Wartung / Instandhaltung
geometrische Präzision	1	1	1	0	0	0
Oberflächen- qualität	1	1	1	1	0	0
thermische Beeinflussung	1	1	1	1	0	0
Abtragrate	2	1	1	1	0	0
Anschaffungs- kosten	2	2	2	2	1	1
Wartung / Instandhaltung	2	2	2	2	1	1
Summe	9	8	8	7	2	2
Gewichtung = Summe / max. möglichen Wert	0,82	0,73	0,73	0,64	0,18	0,18

Tabelle 5.4: Bewertungsmatrix

Kriterien		Gewichtung	Strahlquelle					
			ns-Laser		ps-Laser		fs-Laser	
			ungewichtet	gewichtet	ungew.	gew.	ungew.	gew.
Qualität	geometrische Präzision	0,82	2	1,64	3	2,45	4	3,27
	Oberflächen- qualität	0,73	2	1,45	3	2,18	3	2,18
	thermische Beeinflussung	0,73	1	0,73	4	2,91	4	2,91
Zeit	Abtragrate	0,64	4	2,55	3	1,91	0	0,00
Kosten	Anschaffungs- kosten	0,64	4	2,55	2	1,27	0	0,00
	Wartung / Instandhaltung	0,18	3	0,55	2	0,36	1	0,18
	Summe		16	9,45	17	11,09	12	8,55
	Wertigkeit = Summe / max. möglichen Wert		67%	39%	71%	46%	50%	36%

Als Ergebnis der systematischen Auswahl sind in der Bewertungsmatrix (Tabelle 5.4) die für die Entwicklung eines Laserstrahlabtragprozesses von PCBN-Zerspanwerkzeugen in Frage kommenden Strahlquellen unterteilt nach ihrer Pulsdauer bezüglich ihrer Erfüllung der dargestellten Kriterien bewertet. Hierbei ist der gewichtete und ungewichtete Erfüllungsgrad der jeweiligen Teillösung aufgeführt. Gleichzeitig zeigt die Analyse der systematischen Bewertung in Tabelle 5.2, dass hinsichtlich der im Prozess erreichbaren Qualität, Zeit und Kosten ein Kompromiss zu treffen ist. Daher ist die Lösung mit dem höchsten Erfüllungsgrad unter Berücksichtigung einer Interpretation der Ergebnisse des hier durchgeführten Verfahrens zu favorisieren.

Im Hinblick auf die jeweilige gewichtete als auch auf die ungewichtete Wertigkeit ist der höchste Erfüllungsgrad der Teillösung bei ps-Lasern (46% / 71%) gegeben, gefolgt von ns-Lasern (39% / 67%) und fs-Lasern (36% / 50%) (Tabelle 5.4). Der Einsatz von fs-Lasern für die vorliegende Prozessentwicklung ist aus technologischen Gesichtspunkten nicht notwendig, da die beschriebenen Zielkriterien ebenfalls mit ps-Lasern erreicht werden können (Tabelle 5.2). Gleichzeitig sind mit fs-Lasern jedoch höhere Systemkosten, geringere Abtragraten und somit längere Prozesszeiten zu erwarten (Tabelle 5.2). Zudem zeigt die der Eigenschaftenmatrix hinterliegende Datenbasis auf, dass Systeme im Femtosekundenbereich oft noch keine ausreichende Stabilität und Zuverlässigkeit für Anwendungen im industriellen Umfeld gewährleisten. Die Einbeziehung von fs-Lasern in die Durchführung von experimentellen Untersuchungen im Rahmen der vorliegenden Arbeit wird daher auf Basis des aktuellen Stands der Lasersystemtechnik ausgeschlossen. Bei der Anwendung von ns-Lasern zum Laserstrahlabtragen von harten und hochharten Werkstoffen ist die zu erwartende thermische Beeinflussung groß (vgl. Kapitel 2) und die geometrische Präzision fällt aufgrund einer schlechteren Fokussierbarkeit geringer aus als bei den anderen betrachteten Strahlquellen. Wesentliche Vorteile von ns-Laserstrahlquellen stellen hingegen die vergleichsweise geringen Anschaffungskosten sowie eine hohe Zuverlässigkeit der Systeme dar. Im Falle einer Änderung der Bearbeitungsaufgabenstellung im Hinblick auf das in Kapitel 4 vorgestellte methodische Vorgehen zur Prozessentwicklung würde ebenfalls die Anpassung von Zielkriterien erfolgen. Durch geringere Anforderungen an die Bearbeitungsqualität und eine höhere Priorisierung von Kosten ist so die Bearbeitung von PCBN-Zerspanwerkstoffen auch mittels ns-Laser denkbar. Bearbeitungsaufgabenstellungen für ns-Laser sind beispielsweise in Schruppvorgängen bei der Laserbearbeitung sowie in der Werkzeugfertigung für grobe Zerspanaufgaben mit einfachen Werkzeuggeometrien zu sehen. Für die in Kapitel 5.1 beschriebene Bearbeitungsaufgabenstellung stellt ein thermischer Einfluss jedoch ein Ausschlusskriterium dar, sodass Strahlquellen im Nanosekundenbereich für den hier vorliegenden Einsatzfall verworfen werden.

Tabelle 5.5: Spezifikationen der verwendeten ps-Laserstrahlquelle

Laserstrahlquelle	Pulsdauer	Wellen-länge	Laser-leistung	Pulsfrequenz	Pulsenergie
	t_p	λ	P	f	E_P
Lumera Hyper Rapid 50	10	1.064	50	400 – 1.000	50 – 125
	ps	nm	W	kHz	µJ

In Schlussfolgerung wird für die hier durchgeführte Prozessentwicklung zum Laser-strahlabtragen von PCBN-90 eine Strahlquelle im Pikosekundenbereich festgelegt. Es ist zu erwarten, dass durch eine Bearbeitung mittels ps-Laser die gestellten Anforderungen an die Qualität, insbesondere an eine Fertigung im Größenbereich von kleiner 30 µm (vgl. Tabelle 5.2), erfüllt werden (vgl. Kapitel 4.1). Gleichzeitig weisen ps-laser gegen-über fs-Lasern Vorteile hinsichtlich der zeit- und kostenbezogenen Kriterien auf (vgl. Tabelle 5.2). Nachfolgende Untersuchungen werden mit einem Nd:YAG-Laser vom Typ Lumera Hyper Rapid 50 mit einer Pulsdauer von $t_P = 10$ ps und einer Wellen-länge von $\lambda = 1{,}064$ nm durchgeführt [157]. Die mittlere Laserleistung kann im Bereich von $P = 0 - 50$ W stufenlos und die Pulsfrequenz im Bereich von $f = 400 - 1{,}000$ kHz in fünf diskreten Stufen gestellt werden (Tabelle 5.5). Die Laserleistung ist dabei unabhän-gig von der Pulsfrequenz, sodass sich bei steigender Pulsfrequenz die Pulsenergie ver-ringert [157].

5.2.2 Räumliche und informationstechnische Verknüpfung von physika-lischen Anlagenkomponenten

Nachdem die Laserstrahlquelle definiert wurde, ist die Festlegung eines optischen und mechanischen Aufbaus notwendig, um die Laserstrahlung zu formen, an die Bearbei-tungszone zu führen und in dieser positionieren zu können. Hinsichtlich der erforder-lichen Positioniergenauigkeit in Bezug auf die in den Zielkriterien definierten, einzu-haltenden maßlichen Toleranzen am Zerspanwerkzeug, erfolgt die Festlegung einer Strahlablenkeinheit sowie eines Werkstückpositioniersystems.

Zur Strahlpositionierung wird ein Scanner vom Typ Scanlab Hurry Scan II 14 verwen-det. Dieser weist eine Abweichung im Auslenkwinkel von < 5 mrad sowie eine Wieder-holgenauigkeit von < 22 µrad auf, was bei einer Brennweite von z.B. $F = 163$ mm eine Wiederholgenauigkeit von kleiner 4 µm bedeutet [74]. Das Scanfeld spannt eine maxi-male Bearbeitungsfläche von 70 mm x 70 mm in der xy-Ebene auf [74]. Zur Werk-stückpositionierung wird eine Werkzeugmaschine Laserline der Ewag AG eingesetzt. Diese weist bezüglich der Genauigkeit der mechanischen Achsen eine lineare Auflösung von 0,1 µm und eine rotative Auflösung von 0,0001 ° auf [75] und die Werkzeug-maschine umfasst drei translatorische und zwei rotatorische CNC-Achsen, die zu-sammen eine vollsynchrone 5-Achs-Bearbeitung über eine CAM-Schnittstelle ermög-lichen [75]. Die optischen und mechanischen Komponenten zur Strahlpositionierung sind damit geeignet, um die Zielkriterien hinsichtlich der maßlichen Toleranzen zu er-füllen. Gleichzeitig gewährleistet die Integration des optischen Versuchsaufbaus in eine vollwertige Werkzeugmaschine die Erfüllung des Zielkriteriums industrieller Relevanz.

Hinsichtlich der Strahlkonditionierung ist weiterhin die Polarisation der Laserstrahlung festzulegen. Eine hohe Prozesseffizienz ist bei linear in Bearbeitungsrichtung polarisier-ter Laserstrahlung zu erwarten [97]. Für die Laserbearbeitung von hochharten Werk-stoffen wie polykristallinem Diamant wurde dieser Zusammenhang bestätigt [21]. Im Falle linearer Polarisierung ist jedoch auch die erreichbare Qualität des Bearbeitungs-ergebnisses abhängig von der Bearbeitungsrichtung [97]. Um eine Richtungsabhängig-keit der Prozessqualität zu vermeiden, ist eine zirkulare Polarisation der Laserstrahlung erforderlich. Da bereits bei geometrisch vergleichsweise einfach gestalteten Zerspan-werkzeugen wie Wendeschneidplatten eine Bearbeitung umlaufend um die Schneidecke erforderlich ist [21] und somit bereits hier eine Richtungsunabhängigkeit des Bearbeitungsergebnisses gefordert ist, wird für den weiteren Verlauf der Prozessentwicklung eine zirkulare Polarisierung festgelegt. Diese wird im optischen Aufbau durch einen Zirkularpolarisationsfilter realisiert.

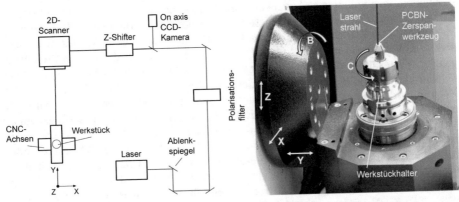

Abbildung 5.1: Optischer und mechanischer Versuchsaufbau: schematisch (links), mechanische Achsen und Werkzeugaufnahme (rechts)

Der aus oben getroffenen Festlegungen abgeleitete schematische Aufbau zur Strahlformung und Strahlablenkung sowie das Koordinatensystem und die mechanischen Achsen sind in Abbildung 5.1 dargestellt. Der optische Aufbau besteht aus Umlenkspiegeln, einem Polarisationsfilter, einer On-axis-CCD-Kamera, einer Strahlpositionierungseinheit mit drei optischen Achsen sowie einer Fokussierlinse, auf die im folgenden Abschnitt eingegangen wird.

5.2.3 Brennweite

Entsprechend des Ablaufs des methodischen Vorgehens (vgl. Kapitel 4.3) wird im folgenden Abschnitt der Einfluss der auszuwählenden Fokussierlinse auf den Laserstrahlabtragprozess von PCBN-90 charakterisiert und die Brennweite im Anschluss für die weiteren Schritte der Prozessentwicklung festgelegt. In Kapitel 2.2 wurde beschrieben wie eine Verkürzung der Brennweite zu einer Verkleinerung des im Laserprozess eingesetzten Fokusdurchmessers sowie zu einer größeren Spitzenintensität und größeren Strahldivergenz führt [97]. Die Brennweite stellt eine Prozessgröße dar, die für die Auflösung der fertigbaren Geometriegröße entscheidend ist. Für die Fertigung von Zerspanwerkzeugen ist eine Auflösung im µm-Bereich erforderlich (vgl. Kapitel 4.1), sodass im vorliegenden Abschnitt die Brennweite festzulegen ist, mit der eine möglichst feine Auflösung der Fertigung erreicht werden kann.

Für den im vorangegangenen Abschnitt festgelegten optischen Aufbau werden zwei Fokussierlinsen mit einer Brennweite von $F = 100$ mm und $F = 163$ mm untersucht. Die initiale Auswahl dieser Größen erfolgt in Anlehnung an die von Dold durchgeführte Laserbearbeitung von Zerspanwerkzeugen aus PKD, wobei sich die o.g. Brennweiten als geeignet erwiesen haben [21]. Dold erreichte mit einer Brennweite von $F = 163$ mm in dem von ihm genutzten optischen Aufbau einen Fokusdurchmesser von $d_f = 30$ µm und bei $F = 100$ mm einen Fokusdurchmesser von $d_f = 21$ µm [21]. Kürzere Brennweiten als $F = 100$ mm werden im optischen Aufbau der vorliegenden Arbeit ausgeschlossen, da es bei einem noch geringeren Arbeitsabstand zwischen Werkstück und Fokussierlinse zu einer übermäßigen Verkleinerung der Arbeitsfeldgröße und somit zu einer stark einge-schränkten Positionierungsmöglichkeit des Laserfokus auf der Werkstückoberfläche kommt. Zudem wird bei einer geringeren Brennweite als $F = 100$ mm die Rayleighlänge im vorliegenden Fall auf eine Größe von $z_R < 0{,}15$ mm verringert, was für Werkstück-dicken von $d > 3$ mm nicht praktikabel ist in Kombination mit der großen Strahldiver-genz sowie resultierenden Anforderungen an eine gleichzeitige hochpräzise und hoch-dynamische Führung der Fokusposition in Strahlrichtung. Für Brennweiten von $F > 163$ mm hingegen resultiert aus unten dargestellten Messungen ein Fokusdurch-messer von $d_f > 27$ µm. Zudem sinkt die Positioniergenauigkeit des Laserfokus auf der Werkstückoberfläche aufgrund des größeren Arbeitsabstands, da es bei gleichem Aus-lenkungsinkrement der Spiegel in der Strahlablenkeinheit zu einer größeren Positionier-bewegung am Bauteil kommt. Aus diesen Gründen werden für die Untersuchung im vorliegenden Abschnitt die Brennweiten zunächst auf $F = 100$ mm und $F = 163$ mm eingegrenzt. Die Eignung dieser Brennweiten für den vorliegenden Zielprozess am Werkstoff PCBN wird nachfolgend überprüft und es wird untersucht durch welche der Brennweiten im Laserprozess eine möglichst feine Auflösung erzielt werden kann.

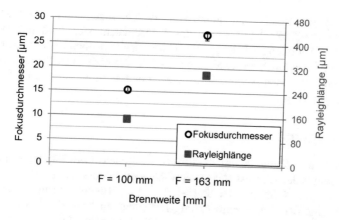

Abbildung 5.2: Einfluss der Brennweite auf Fokusdurchmesser und Rayleighlänge; Laserparameter: $t_P = 10$ ps, $\lambda = 1.064$ nm, $P = 1{,}5 - 50$ W, $f = 400 - 1.000$ kHz

Zur genauen Bestimmung des an der Werkstückoberfläche vorliegenden Fokusdurch-messers erfolgt eine Strahlvermessung entsprechend des in Kapitel 4.5 beschriebenen Vorgehens. Hierbei wurden die Parameter mittlere Laserleistung und Pulsfrequenz im Bereich von $P = 1{,}5 - 50$ W in 10 Stufen und $f = 400 - 1.000$ kHz in 5 Stufen voll-faktoriell kombiniert. Dieses Vorgehen dient der grundsätzlichen Absicherung, ob bei der verwendeten Strahlquelle ein Einfluss von Laserleistung und Pulsfrequenz auf den Fokusdurchmesser besteht. Dies ist insbesondere daher von Relevanz, da Laserleistung und Pulsfrequenz im weiteren Verlauf der Prozessentwicklung verbleibende Freiheits-grade darstellen, die einen Einfluss auf den Fokusdurchmesser bedeuten können (vgl.

Kapitel 4.1). Weitere Parameter wie Scangeschwindigkeit oder Spurabstand hingegen beziehen sich auf eine Positionierbewegung des Laserstrahls und lassen daher keinen Einfluss auf den Fokusdurchmesser erwarten (vgl. Kapitel 4.1). Mittels der Vermessung der Strahlkaustik ergeben sich die in Abbildung 5.2 dargestellten Fokusdurchmesser von $d_{f,163} \approx 27$ μm und $d_{f,100} \approx 15$ μm zusammen mit den gemessenen Rayleighlängen von $z_{R,163} \approx 0,3$ mm und $z_{R,100} \approx 0,15$ mm. Die bei der Strahlvermessung bestimmte Streuung des Fokusdurchmessers von $\Delta d_f < \pm 0,75$ μm über die gestellten Parameter entspricht einer Abweichung von kleiner 3,5 %. Somit ist die Abhängigkeit des Fokusdurchmessers von der Laserleistung oder Pulsfrequenz als vernachlässigbar zu bewerten.

Trotz des als konstant anzusehenden Fokusdurchmessers ist bei verschiedenen Leistungseinstellungen eine Veränderung der Intensität im gaußförmigen Strahlprofil zu erwarten, was sich auf die erzielbare Feinheit der Auflösung beim Laserstrahlabtragen auswirkt. Im nächsten Schritt wird daher eine experimentelle Untersuchung des Einflusses der Brennweite auf die real erzielbare geometrische Auflösung beim Laserstrahlabtragen von PCBN-90 durchgeführt. Hierzu wurden linienförmige Laserbahnen unter Variation der mittleren Laserleistung abgetragen und die resultierende Spurbreite der Linien mittels Konfokalmikroskopie vermessen. Die Laserleistung wird variiert, um bei den aufgeführten Brennweiten den Einfluss der Pulsenergie auf die abgetragene Spurbreite zu überprüfen. Die Auswertung der Spurbreite erfolgt über die Pulsfluenz, da diese Größe Änderungen in der Pulsenergie sowie im Fokusdurchmesser berücksichtigt (vgl. Kapitel 4.5). Abbildung 5.3 zeigt einen Anstieg der Spurbreite mit zunehmender Pulsfluenz. Die erzeugten Spurbreiten mit einer Brennweite von $F = 163$ mm liegen im betrachteten Bereich im Schnitt um 20 % unterhalb der Spurbreiten, die einer Brennweite von $F = 100$ mm zugeordnet sind.

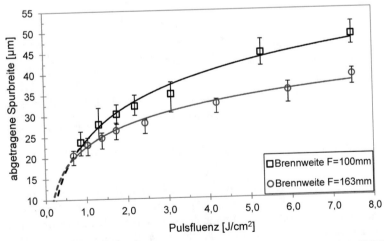

Abbildung 5.3: Einfluss der Brennweite auf die geometrische Auflösung; Werkstoff: PCBN-90, Laserparameter: $t_P = 10$ ps, $\lambda = 1.064$ nm, $P = 2$ - 17 W, $f = 1.000$ kHz, $v_s = 2$ m/s, $n_s = 10$

Zur Erklärung des in Abbildung 5.3 dargestellten Verhaltens ist im Abtragprozess hinsichtlich der Größen Fokusdurchmesser d_f und Wirkdurchmesser d_w zu unterscheiden. Zum einen ist der Fokusdurchmesser d_f nach DIN EN ISO 11146-1 [150] (vgl.

Kapitel 4.5) definiert und zum anderen tritt der Wirkdurchmesser d_w auf, der dem real abgetragenen Durchmesser eines Laserpulses im Versuch entspricht. Der Wirkdurchmesser d_w wird im o.g. Linienversuch durch die auftretende Spurbreite des Abtrags repräsentiert und kann vom Fokusdurchmesser d_f abweichende Werte annehmen, da beim praktischen Abtragvorgang werkstück- und werkstoffabhängige Faktoren zum Tragen kommen [97]. Diese Faktoren umfassen z.B. die Oberflächenbeschaffenheit des Werkstücks oder die reale werkstoffabhängige Abtragschwelle, die bei niedrigerer oder höherer Intensität liegen kann als die nach zweite Momenten-Norm-Methode bestimmte Intensitätsgrenze (Abbildung 5.4). Abbildung 5.4 zeigt eine typische qualitative Energieverteilung im Gauß-Intensitätsprofil auf. Eine niedrige Abtragschwelle, wie sie in o.g. Linienversuch auch für PCBN beobachtet wurde, führt in Kombination mit einer großen Intensität durch enge Fokussierung dazu, dass der Wirkdurchmesser bei einer Brennweite $F = 100$ mm größer ist als der Fokusdurchmesser ($d_{f,100} < d_{w,100}$). Bei Brennweite $F = 163$ mm hingegen ist der reale Abtragdurchmesser ungefähr gleich dem Fokusdurchmesser ($d_{f,163} \approx d_{w,163}$).

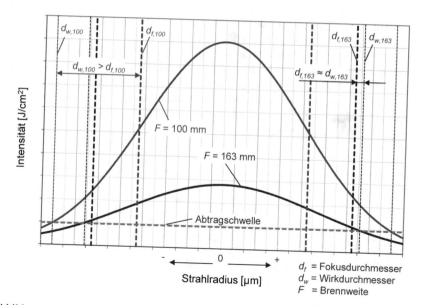

Abbildung 5.4: Intensitätsprofil im Gaußstrahl bei Brennweite $F = 100$ mm und $F = 163$ mm

Entgegen der üblichen Erwartung, dass mit kleinerem Fokusdurchmesser auch stets kleinere Strukturgrößen gefertigt werden können, zeigt sich im Fall des Abtragens von PCBN eine Umkehrung dieses Zusammenhangs im Bereich der betrachteten Brennweiten. Somit können aufgrund der energetischen Bedingungen im Strahlprofil in Kombination mit einer niedrigen Schwellintensität zum Abtrag von PCBN mit einer Brennweite von $F = 163$ mm kleinere Wirkdurchmesser d_w erreicht werden als mit einer kürzeren Brennweite. Eine feinere Auflösung der Fertigung und Erzeugung geringerer Strukturgrößen ist daher bei dieser Brennweite möglich, sodass für die weiteren Untersuchungen in der Laserprozessentwicklung eine F-Theta-Fokussierlinse mit einer Brennweite von $F = 163$ mm festgelegt wird.

5.3 Prozessführung

Im vorangegangenen Abschnitt (Kapitel 5.2) wurden entsprechend des in Kapitel 4.3 beschriebenen methodischen Vorgehens (vgl. Abbildung 4.3) die Anlagenkomponenten zum Laserstrahlabtragen festgelegt. Tabelle 5.6 fasst die festgelegten Parameter des optischen und mechanischen Aufbaus zusammen.

Tabelle 5.6: Festgelegte Parameter aus dem Entwicklungsschritt „optischer und mechanischer Aufbau"

Strahlquelle

Parameter	Pulsdauer	Wellen-länge	Laser-leistung	Pulsfrequenz	Pulsenergie
Abkürzung	t_p	λ	P	f	E_p
Wert	10	1.064	0 – 50	400 – 1.000	50 – 125
Einheit	ps	nm	W	kHz	µJ

Strahlformung und -positionierung

Strahlpositionierungseinheit	Scan-geschwindigkeit	Brenn-weite	Polarisation	Werkstückpositionierung
Galvanoscanner	v_s	F	zirkular	5-Achs-CNC
3 optische Achsen	0 – 4	163		
	m/s	mm		

Die beschriebenen Anlagenkomponenten legen das mögliche Stellspektrum der Prozessparameter wie Fokuslage, Laserleistung, Pulsfrequenz, Scangeschwindigkeit etc. für den weiteren Ablauf der Laserprozessentwicklung fest. Diese Stellgrößen werden in den folgenden Abschnitten hinsichtlich ihres Einflusses auf den angestrebten Zielprozess zum Abtragen von Zerspanwerkzeugen aus PCBN untersucht und auf Basis der Erkenntnisse wird eine Prozessführung abgeleitet.

5.3.1 Fokuslage

Die Fokuslage kann als Kontrollgröße beim Nachführen des Fokus je abgetragene Schicht oder als direkte Stellgröße zur Prozessbeeinflussung in Erscheinung treten (vgl. Kapitel 2.2). Ihre Einstellung im Prozess erfolgt dynamisch durch die Verfahrbewegung der optischen oder mechanischen Achse in Strahlrichtung. Durch die Fokuslage kann wie in Kapitel 2.2 dargestellt die erzielbare Qualität sowie Geschwindigkeit von Laserstrahlabtragprozessen beeinflusst werden. Zudem sind nach dem Stand der Technik im Hinblick auf verschiedene Werkstoffe und Zielprozesse jeweils unterschiedliche Einstellungen der Fokuslage vorteilhaft [95, 96, 98–103] (vgl. Kapitel 2.2). Daher ist für den hier entwickelten Laserprozess eine gezielte Einstellung im Hinblick auf die in Kapitel 4.1 definierten Zielkriterien notwendig. Hierzu soll in der nachfolgenden Untersuchung die Frage beantwortet werden, ob sich ein defokussierter Betriebspunkt besser eignet als der Abtrag bei Fokusnulllage, wie stabil der Bearbeitungsprozess in seiner Fokuslage ist und wie sich die Fokuslage auf die entstehende Oberflächenrauheit auswirkt. Aus diesen Gründen wird im Folgenden der Einfluss der Fokuslage auf das Abtragverhalten von PCBN untersucht.

Im Versuch werden Linien und Flächen bei variierter Fokuslage abgetragen und die Linientiefe und –breite bzw. die Abtragrate und Oberflächenrauheit mittels Konfokalmikroskopie bestimmt (vgl. Kapitel 4.5). Mit der Betrachtung der Fokuslage von $z = \pm 2$ mm wird ein Bereich in positive wie negative Richtung um das ca. 6,5-fache der Rayleighlänge z_R aufgespannt. Es ist davon auszugehen, dass der für den Abtragprozess nutzbare Bereich der Fokuslage innerhalb dieser Grenzen liegt [94]. Im ersten Schritt wird eine Strahlvermessung sowie ein linienförmiger Abtrag unter Variation der Fokuslage durchgeführt, um analog zum Vorgehen in Kapitel 5.2.3 das Prozessfenster für die feinst mögliche geometrische Auflösung der Fertigung zu bestimmen. In Abbildung 5.5 ist die Abhängigkeit des Fokusdurchmessers d_f und Wirkdurchmessers d_w von der Fokuslage dargestellt. Während innerhalb des Bereichs von $z = $ -0,85 mm – 0,8 mm der Wirkdurchmesser oberhalb des gemessenen Strahldurchmessers liegt, kehrt sich das Verhältnis außerhalb dieser Grenzen um. Dieses Verhalten lässt sich dadurch erklären, dass die Lage des Fokuspunktes relativ zur Werkstückoberfläche den Fokusdurchmesser sowie das Intensitätsprofil des Laserstrahls im Abtragprozess beeinflusst [96]. Bei größer werdender Defokussierung steigt der Fokusdurchmesser, jedoch sinkt die Intensität im Strahlprofil soweit, dass es im Prozess zu einem geringeren Wirk- als Fokusdurchmesser kommt. In der Fokusnulllage ist der Fokusdurchmesser minimal und die Intensität maximal, sodass der Wirkdurchmesser analog zu dem in Abbildung 5.4 dargestellten Verhalten (vgl. Kapitel 5.2.3) größer ausfällt als der Fokusdurchmesser. Nichtsdestotrotz tritt der minimale Wirkdurchmesser in der Fokusnulllage auf. Somit lässt sich aus dem linienförmigen Abtrag schließen, dass die größte geometrische Auflösung in Fokusnulllage erzielbar ist.

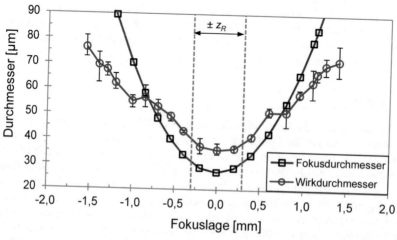

Abbildung 5.5: Gegenüberstellung von Strahldurchmesser d_f und Wirkdurchmesser d_w bei Defokussierung; Werkstoff: PCBN-90, Laserparameter: $t_P = 10$ ps, $\lambda = 1.064$ nm, $P = 17$ W, $f = 1.000$ kHz, $v_s = 2$ m/s, $n_s = 10$

Da zum derzeitigen Stand der Prozessentwicklung jedoch noch keine Erkenntnis vorliegt, wie sich die Fokuslage auf die Zielkriterien Oberflächenqualität und Prozesszeit auswirkt, wird im Folgenden ein flächiger Abtrag unter Variation der Fokuslage im gleichen Bereich von $z = \pm 2$ mm untersucht und hinsichtlich der Oberflächenrauheit sowie Abtragrate analysiert. In Abbildung 5.6 sind die Abtragrate Q_A und die Oberflächenrauheit S_a in Abhängigkeit der Fokuslage z dargestellt. Weiterhin ist Oberflächenrauheit $S_a = 0{,}80$ µm der geschliffenen Ausgangsoberfläche verzeichnet (vgl. Kapitel 5.1). Die Abtragrate Q_A zeigt mit der Ausprägung eines M-förmigen Profils einen typischen Verlauf mit charakteristischen Fokusebenen [104]. Diese stellen sich zum einen in Form zweier Maxima bei $z = -0{,}85$ mm und $z = 0{,}6$ mm sowie durch ein lokales Minimum bei $z = 0$ mm dar. Durch eine defokussierte Bearbeitung lässt sich die Abtragrate somit um bis zu 38 % ($z = -0{,}85$ mm) gegenüber der Fokusnulllage steigern. Zum anderen sinkt bei einer noch größeren Defokussierung die Abtragrate in den Randbereichen der Fokuslage in Abbildung 5.6. Bei Fokuslagen von $z = -1{,}55$ mm und $z = 1{,}4$ mm kommt der Abtragprozess nahezu zum Erliegen, da die Energie des Laserstrahls hier auf eine um rund Faktor 20 größere Fläche verteilt wird. Die auf die Werkstoffoberfläche treffende Energie wird im Wesentlichen in Wärme umgewandelt und führt zur thermischen Schädigung der Bauteiloberfläche (Abbildung 5.7). In Tabelle 5.7 sind auftretende Abtragraten und Oberflächenrauheiten charakteristischer Fokusebenen aufgeführt.

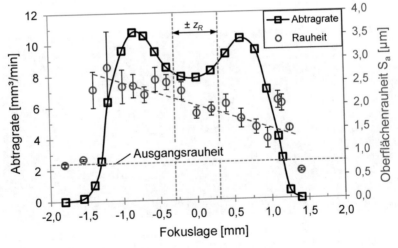

Abbildung 5.6: Abtragrate und Rauheit über Fokuslage; Werkstoff: PCBN-90,
Laserparameter: $t_P = 10$ ps, $\lambda = 1.064$ nm, $P = 17$ W, $f = 1.000$ kHz, $v_s = 2$ m/s, $SA = 6$ µm, $n_s = 40$

In Bezug auf die erzielbare Oberflächenrauheit zeigt sich in Abbildung 5.6 ein näherungsweise lineares Verhalten mit abnehmender Rauheit in Richtung positiver Fokuslagen. Bei Fokuslagen kurz vor dem Erliegen des Abtrags kommt es in Abweichung zu umliegenden Fokuslagen zu einer erhöhten Rauheit, da der Abtrag nicht mehr gleichmäßig abläuft und einzelne Oberflächenbereiche noch abgetragen werden, während andere stehen bleiben (Abbildung 5.8). Eine noch größere Defokussierung in negative Richtung ($z \leq -1{,}55$ mm) bzw. positive Richtung ($z \geq 1{,}4$ mm) erzeugt nicht nutzbare Oberflächen, da diese eine Schmelzphase als thermische Schädigung aufweisen (Abbildung 5.7). Die minimal erzielbare Oberflächenrauheit liegt mit $S_a = 1{,}29\ \mu m$ bei einer Fokuslage von $z = 0{,}95$ mm und weicht somit um ca. 30 % von der Rauheit bei Fokusnulllage $S_{a,z=0} = 1{,}85\ \mu m$ ab. Die minimal auftretende Rauheit liegt damit jedoch in einem Bereich der steilen Flanke der Abtragrate (vgl. Abbildung 5.6) und somit in einem nicht robusten Bereich der Abtragprozesses, sodass kleine Abweichungen von dieser Fokuslage große Auswirkungen im Prozessergebnis bedeuten würden. Eine Einstellung des Zielprozesses in diesem Arbeitspunkt ist daher nicht sinnvoll.

Tabelle 5.7: Abtragraten und Oberflächenrauheiten charakteristischer Fokusebenen

Fokuslage z	Abtragrate Q_A		Oberflächenrauheit S_a	
absolut	absolut	relativ	absolut	relativ
[mm]	[mm³/min]	[%]	[µm]	[%]
-1,55	→ 0	-/-	thermisch beeinflusst	
-0,85	10,77	+38	2,45	+32
0	7,83	± 0	1,85	± 0
0,6	10,29	+31	1,72	-7
1,4	→ 0	-/-	thermisch beeinflusst	

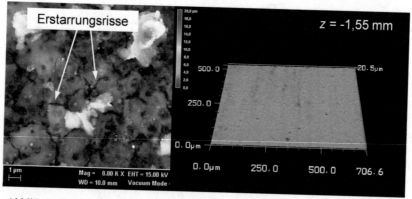

Abbildung 5.7: REM-Aufnahme und Oberflächentopografie bei Fokuslage $z = -1{,}55$; Werkstoff: PCBN-90, Laserparameter: $t_P = 10$ ps, $\lambda = 1.064$ nm, $P = 17$ W, $f = 1.000$ kHz, $v_s = 2$ m/s, $SA = 6\ \mu m$, $n_s = 40$

Vor der Ableitung eines Prozessfensters für die Fokuslage beim Laserstrahlabtragen von PCBN wird im Folgenden auf den Hintergrund für den in Abbildung 5.6 dokumentierten M-förmigen Verlauf der Abtragrate sowie eine Asymmetrie in diesem eingegangen. Zur Erklärung des Anstiegs der Abtragrate außerhalb der Fokus-Nulllage wird folgender Versuch hinzugezogen. Unter identischen Bedingungen wie bei den flächigen Abtragversuchen wurde ein linienförmiger Abtrag von sechs parallelen Laserbahnen als Stichversuch bei den Fokuslagen der maximalen Abtragrate $z = -0{,}85$ mm und $z = 0{,}60$ mm sowie bei $z = 0{,}20$ mm als Zwischenwert durchgeführt. Die sechs parallelen Laserbahnen wurden dabei jeweils um den Spurabstand von $SA = 6\ \mu m$ versetzt. Die jeweils auftretenden Abtragtiefen pro Belichtung, d.h. Schichttiefen werden vermessen und den Abtragtiefen aus den bereits durchgeführten Versuchen zum Abtrag von einzelnen Laserbahnen (Abbildung 5.5) und zum flächigen Abtrag (Abbildung 5.6) gegenüberge-stellt. Durch dieses Vorgehen wird der Übergang von einem linienförmigen zu einem flächigen Abtrag untersucht. In Abbildung 5.9 ist die Schichttiefe des Abtrags einzelner Laserbahnen, sechs paralleler Bahnen sowie des Flächenabtrags über die Fokusebenen gegenübergestellt. Der Abtrag von Einzelbahnen zeigt ein Ausbleiben der M-Charakte-ristik. Das Bindeglied zwischen den Arten des Abtrags stellt der Spurabstand bzw. Spur-überlapp dar. Ausgehend von der Fokusnulllage vergrößert sich bei Defokussierung der Fokusdurchmesser (Abbildung 5.5) und somit auch der Spurüberlapp trotz unveränder-tem Spurabstand. Solange beim Abtrag der sechs Linien bzw. beim flächigen Abtrag ein Spurüberlapp zwischen der ersten Laserbahn n_1 und der Bahn $n_1 + n_i$ vorliegt, belichtet jeder neue Laservektor anteilig die bereits ablatierte Laserbahn n_1 und vertieft diese weiter. Dies bedeutet, dass die zur Verfügung stehende Energie gleichmäßiger auf die vom Fokus belichtete Fläche verteilt wird und zu einem vermehrten Abtrag beiträgt. Bei den Fokuslagen in denen die Maxima der Abtragrate auftreten ist das Verhältnis von Energie pro Fläche so ausgeprägt, dass der größte Abtrag erzielt wird. Bei weiter zuneh-mender Defokussierung wird der Fokusdurchmesser hingegen so groß, dass die Laser-energie größer flächig verteilt wird und zu keinem vermehrten Abtrag beiträgt.

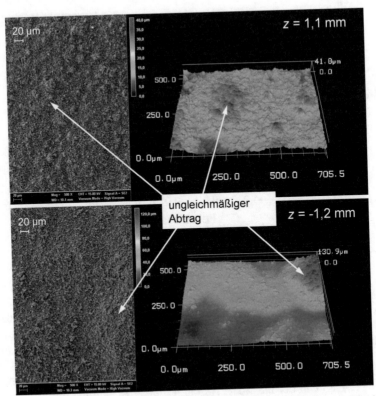

Abbildung 5.8: REM-Aufnahme und Oberflächentopografie bei Fokuslage $z = 1{,}1$ und $z = -1{,}2$; Werkstoff: PCBN-90, Laserparameter: $t_P = 10$ ps, $\lambda = 1.064$ nm, $P = 17$ W, $f = 1.000$ kHz, $v_s = 2$ m/s, $SA = 6$ µm, $n_s = 40$

Weiterhin fällt im Rahmen der Analyse des Verlaufs der Abtragrate (vgl. Abbildung 5.6) eine Asymmetrie der charakteristischen Fokusebenen um die Fokusnulllage auf. So kommt z.B. der Abtrag nicht in der gleichen positiven ($z = 1,4$ mm) und negativen Fokusebene ($z = -1,55$ mm) zum Erliegen. Eine asymmetrisches Verhalten des Abtrags bei positiver und negativer Fokuslage spiegelt sich auch in den zur Fokusnulllage unsymmetrischen Maxima der Abtragrate bei $z = -0,85$ mm und $z = 0,6$ mm sowie in dem linearen Verlauf der Oberflächenrauheit wieder. Der Grund hierfür ist in einem Unterschied der Energieverteilung in der jeweiligen Fokusfläche bei Defokussierung zu sehen. Während in der Fokusnullebene die Intensität über den Strahlquerschnitt gauß-förmig verteilt ist, so ist bei negativer Fokuslage die Energie gleichmäßiger über den Strahlquerschnitt verteilt, während die Energieverteilung bei einer positiven Fokuslage zu den Rändern des Strahls hin stark abfällt [101]. Auf diese Weise kommt es zum Auf-treten eines kleineren Wirkdurchmessers des Laserstrahls bei positiven Fokuslagen als bei negativen ($d_{w, z<0} > d_{w, z>0}$). In Übertragung auf einen flächigen Abtrag kommt es bei einem kleineren Wirkdurchmesser zu weniger Volumenabtrag pro Überfahrt des Lasers als bei größerem Wirkdurchmesser und dadurch zu einem Unterschied in der Höhe der Abtragrate und der Lage der Fokusebenen, in denen die beiden Maxima sowie die Gren-zen des Abtrags auftreten.

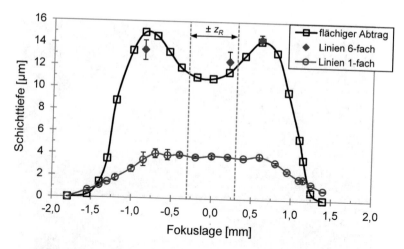

Abbildung 5.9: Abtragtiefen bei Defokussierung; Werkstoff: PCBN-90,
Laserparameter: $t_P = 10$ ps, $\lambda = 1.064$ nm, $P = 17$ W, $f = 1.000$ kHz, $v_s = 2$ m/s

Zusammenfassend wurde im vorliegenden Abschnitt das charakteristische Abtrag-verhalten von PCBN bei Veränderung der Fokuslage ergründet und auf diese Weise ein Beitrag zu einem Verständnis des Abtragverhaltens von PCBN geleistet. In diesem Zu-sammenhang wurde das Potential einer defokussierten Bearbeitung aufgezeigt, durch die die Abtragrate im Prozess gesteigert werden kann. Allerdings geht mit einer Bearbeitung bei negativen Fokuslagen auch eine Verschlechterung der Oberflächenqualität einher, sodass bei $z = -0,85$ mm der maximale Abtrag mit einer Steigerung um 38 % gegenüber der Fokusnulllage erzielt wird, aber sich die Oberflächenrauheit S_a auch um 32 % erhöht (vgl. Tabelle 5.7). Bei der Fokuslage von $z = 0,6$ mm tritt ein weiteres Maximum der

Abtragrate auf. Hier lässt sich mit $S_a = 1,72$ µm eine ähnliche Oberflächengüte erzielen wie bei der Fokusnulllage ($S_a = 1,85$ µm) und die Abtragrate um 31 % steigern. Nachteilig ist dabei jedoch, dass bereits kleine Abweichungen der Fokuslage zu großen Änderungen der Abtragrate führen. Weiterhin vergrößert sich bei Defokussierung durch einen steigenden Wirkdurchmesser auch die fertigbare Strukturgröße. Ein kleiner Wirkdurchmesser ist in Bezug auf die in Kapitel 4.1 aufgeführten Zielkriterien prioritär erstrebenswert, um im Hinblick auf Zerspanwerkzeuge kleine Geometrien im Mikrometerbereich fertigen und enge Toleranzvorgaben einhalten zu können. Bei Fokusnulllage weist der Arbeitsfleck den kleinsten Durchmesser auf und kann somit minimale Geometriegrößen erzeugen. Daher ist die Präzision bei einer Bearbeitung in Fokusnulllage als maximal anzusehen. Weiterhin tritt in diesem Arbeitspunkt zwar nicht die maximale Abtragrate auf, aber der Prozess verhält sich gegenüber Abweichungen der Fokusposition stabil (vgl. Abbildung 5.6). Für die nachfolgenden Entwicklungsschritte der Prozessentwicklung wird daher die Fokusnulllage als Bezugsbasis festgelegt, um einen Prozess hoher Qualität, Präzision und Stabilität zu gewährleisten.

5.3.2 Pulsenergieverteilung und Flächenenergieverteilung

Dem weiteren Ablauf des in Kapitel 4.3 vorgestellten methodischen Vorgehens folgend, wird im vorliegenden Abschnitt der Einfluss der Puls- sowie Flächenenergieverteilung auf das Abtragergebnis untersucht. Ziel ist es, ein umfassendes Verständnis des Abtragverhaltens von PCBN bei gleichzeitig stark begrenzter Anzahl an notwendigen Versuchen zu erlangen. Dazu wird das in Kapitel 4.3 abgeleitete Vorgehen angewandt (vgl. Abbildung 4.4), wobei eine systematische Untersuchung von Pulsfluenz und Flächenenergiedichte in zwei Schritten erfolgt. Im ersten Schritt wird eine vollfaktorielle Variation der Stellgrößen mittlere Laserleistung P und Pulsfrequenz f durchgeführt. Die Stellgrößen Spurabstand SA und Pulsabstand PA, die unter Einhaltung der Bedingung $s_{p,max} < d_f$ (vgl. Kapitel 4.3) und anhand eines Stichversuchs auf zunächst $SA = 6$ µm und Pulsabstand $PA = 2$ µm festgelegt sind, werden dabei konstant gehalten. Durch dieses Vorgehen lässt sich eine Aussage über das flächige Abtragverhalten ausschließlich bei variierter Pulsfluenz ableiten. Auf Basis der Analyse der erzielten Versuchsergebnisse wird eine geeignete Einstellung der mittleren Leistung und Pulsfrequenz festgelegt. Im zweiten Versuchsteil wird eine Untersuchung der Stellgrößen Spurabstand und Pulsabstand durchgeführt. Aus den Ergebnissen dieser zweistufigen Untersuchung lassen sich geeignete Parametereinstellungen ableiten, die eine hohe Abtragrate bei geringer Oberflächenrauheit ermöglichen und es kann zudem eine Aussage über das mögliche Auftreten von unerwünschten wärmeinduzierten Effekten auf der belichteten Fläche

Tabelle 5.8: Feste und variable Versuchsparameter

Parameter	Puls-dauer	Wellen-länge	Laser-leistung	Puls-frequenz	Scange-schwindigkeit	Spur-abstand	Schicht-anzahl	Fokus-durchmesser
Abkürzung	t_p	λ	P	f	v_s	SA	n_s	d_f
Wert	10	1.064	0 – 50	400 – 1.000	0 – 4	0 – 10	40	27
Einheit	ps	nm	W	kHz	m/s	µm		µm

getroffen werden. Weiterhin kann mittels der auf die Flächenenergiedichte bezogenen Auswertung ein direkter Vergleich der Ergebnisse der Untersuchung von Pulsfluenz und Flächenenergiedichte vorgenommen werden, sodass das Versuchsvorgehen Erkenntnisse bezüglich der Abtragcharakteristik unter Variation aller vier Kontrollvariablen bietet. Die in den Untersuchungen verwendeten festen und variablen Parameter des abgeleiteten Lasersystems aus Kapitel 5.2 sind in Tabelle 5.8 zusammengefasst.

Entsprechend des ersten Schritts des vorgestellten Versuchsvorgehens ist die Abtragrate in Abbildung 5.10 über die Pulsfluenz als auch über die Flächenenergiedichte für variierte mittlere Laserleistung im Bereich $P = 7 - 47$ W und variierte Pulsfrequenz von $f = 400 - 1.000$ kHz bei konstantem Spur- und Pulsabstand ($SA = 6$ µm und $PA = 2$ µm) aufgetragen. Bei gleichbleibender Pulsfrequenz steigt die Abtragrate mit zunehmender Leistung. Gleichermaßen steigt die Abtragrate bei konstanter Leistung und zunehmender Pulsfrequenz. Bei hoher Leistungseinstellung und niedriger Pulsfrequenz tritt eine hohe Abtragrate auf ($F_A = 639$ J/cm^2; $Q_A = 7,7$ mm^3/min). Im Unterschied dazu tritt eine signifikant höhere Abtragrate bei niedrigerer Flächenenergiedichte, jedoch gleicher Leistungseinstellung auf. Dies deutet darauf hin, dass die Erhöhung der einwirkenden Pulsfluenz und Flächenenergiedichte nicht gleichermaßen zu einer Steigerung der Abtragrate beiträgt. Auf Basis dieser Erkenntnisse sollten sowohl für die mittlere Laserleistung als auch für die Pulsfrequenz eine hohe Einstellung gewählt werden, um ein Maximum an Bearbeitungsgeschwindigkeit zu erzielen. In der vorliegenden Untersuchung wurde eine maximale Abtragrate von $Q_A = 18,1$ mm^3/min bei einer Flächenenergiedichte von $F_A = 225,5$ J/cm^2 erreicht.

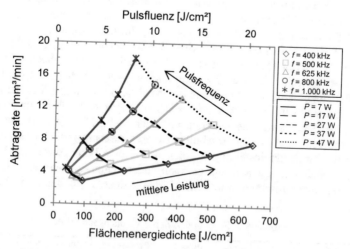

Abbildung 5.10: Abtragrate über Energiedichte für variierte Leistung und Pulsfrequenz; Werkstoff: PCBN-90, Laserparameter: $t_P = 10$ ps, $\lambda = 1.064$ nm, $PA = 2$ µm, $SA = 6$ µm

Zur Ergründung des dargestellten Abtragverhaltens, ist in Abbildung 5.11 die Abtrageffizienz für unterschiedliche mittlere Leistung und Pulsfrequenz bei konstantem Spur- und Pulsabstand dargestellt. Analog zu Abbildung 5.10 steigt die mittlere Leistung mit zunehmender Fluenz für die jeweilige Pulsfrequenz. Bei niedriger Flächenenergiedichte von bis zu $F_A = 140$ J/cm^2 ist kein signifikanter Unterschied in der Abtrageffizienz zwischen den verschiedenen Pulsfrequenzen festzustellen. Je größer die Fluenz jedoch wird, desto deutlicher zeigt sich, dass die größtmögliche Pulsfrequenz verwendet werden sollte, um einen Prozess hoher Abtrageffizienz zu erzielen. Dies ist anzustreben, da je höher die Abtrageffizienz, desto mehr der ins Werkstück eingebrachten Energie steht für den Ablationsvorgang zur Verfügung und eine Umwandlung in Wärme wird vermieden. Zur Bestimmung der maximalen Abtrageffizienz werden für die anzustrebende Puls-frequenz von $f = 1.000$ kHz zudem Leistungseinstellungen zwischen $P = 2 - 7$ W unter-sucht. Der Verlauf der Abtrageffizienz lässt sich durch eine logarithmische Modell-funktion abbilden [132, 134]:

$$\eta = \frac{\delta}{2F_A} \cdot \ln^2 \left(\frac{F_A}{\phi_{th}} \right) \tag{5.1}$$

Dabei beschreiben die Koeffizienten δ die optische Eindringtiefe und ϕ_{th} die Abtrag-schwelle, die sich mittels der Methode der kleinsten Fehlerquadrate zu $\delta \approx 1,3$ μm und $\phi_{th} \approx 0,24$ J/cm^2 bestimmen. Der in Abbildung 5.12 dargestellte Verlauf der Abtrag-effizienz zeigt, dass diese zunächst steil ansteigt bis das Maximum bei $\eta = 12,3$ mm^3/kJ erreicht wird. Bei weiterer Steigerung der Fluenz nimmt die Abtrageffizienz wieder ab. Analog zur Untersuchung von Penttilä et al. zum Ablationsverhalten von Metallen [158] weist auch der Abtragprozess bei PCBN die maximale Abtrageffizienz knapp oberhalb der Abtragschwelle bei einer Pulsfluenz von hier $F_P = 0,71$ J/cm^2 auf. In Schlussfolge-rung zeigt der Vergleich zwischen Abbildung 5.10, Abbildung 5.11 und Abbildung 5.12 somit, dass eine hohe Abtrageffizienz nicht notwendigerweise gleichzeitig zu einer hohen Abtragrate führt. Ein Kompromiss zwischen Abtrageffizienz und Abtragrate muss hinsichtlich der gewünschten Prozessgeschwindigkeit und Prozessqualität, letztere hier in Bezug auf den Wärmeeintrag ins Werkstück, getroffen werden. Unabhängig davon lässt sich jedoch festlegen, dass die Pulsfrequenz auf den höchsten Wert eingestellt wer-den sollte, um eine hohe Abtrageffizienz sowie gleichzeitig eine hohe Abtragrate zu erzielen.

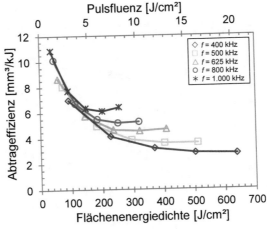

Abbildung 5.11: Abtrageffizienz über Energiedichte für variierte Leistung und Frequenz; Werk-stoff: PCBN-90, Laserparameter: $t_P = 10$ ps, $\lambda = 1.064$ nm, $P = 7 - 47$ W, $PA = 2$ μm, $SA = 6$ μm

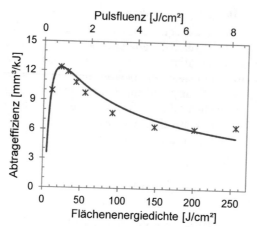

Abbildung 5.12: Abtrageffizienz über Energiedichte mit zusätzlich kleinen Laserleistungen zur Bestimmung der maximalen Abtrageffizienz; Werkstoff: PCBN-90, Laserparameter: $t_P = 10$ ps, $\lambda = 1.064$ nm, $P = 2 - 47$ W, $f = 1.000$ kHz, $PA = 2$ μm, $SA = 6$ μm

Zur Bestimmung der Grenze, ab der im Prozess ein Wärmeeinfluss auftritt, ist eine weitere Charakterisierung des Abtrags erforderlich. Hierzu ist in Abbildung 5.13 die pulsbezogene Abtragrate über die Pulsfluenz für variierte Laserleistung und Pulsfrequenzen dargestellt. Es sind zwei charakteristische Ablationsbereiche zu beobachten, die für Laserabtragprozesse mit ps- und fs-Laserstrahlung typischerweise auftreten [127, 159]. Der zunächst lineare Anstieg (Punkt-Linie in Abbildung 5.13) entspricht einem optisch dominierten Abtragprozess mit minimalem Wärmeeinfluss auf den Werkstoff und bestätigt die Abtragschwelle von $\phi_{th} \approx 0,24$ J/cm². Der zweite Bereich weist einen steileren Anstieg in der Abtragrate auf und ein thermisch dominierter Abtragprozess liegt vor. Um eine Bearbeitung innerhalb des Bereichs eines optisch dominierten Abtrags zu erzielen, sollte eine Pulsfluenz von $F_P \leq 3$ J/cm² eingehalten werden. Dies entspricht einer Laserleistung von näherungsweise $P = 17$ W bei einer Pulsfrequenz von $f = 1.000$ kHz.

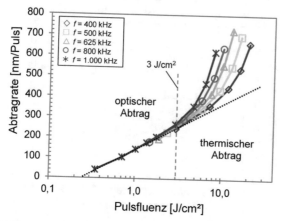

Abbildung 5.13: Abtragrate über Pulsfluenz zur Bestimmung des Abtragregimes; Werkstoff: PCBN-90, Laserparameter: $t_P = 10$ ps, $\lambda = 1.064$ nm, $P = 2 - 47$ W, $PA = 2$ μm, $SA = 6$ μm

Die Absicherung des Vorliegens eines optisch dominierten Abtrags und der Ausschluss einer thermischen Schädigung des PCBN erfolgt durch eine Werkstoffuntersuchung. In einer Mikro-Raman-Spektroskopie kann eine potentielle Umwandlung der kubischen in die die unerwünschte hexagonale Gitterphase des Bornitrids nachgewiesen und somit eine thermische Schädigung ausgeschlossen oder bestätigt werden. In Abbildung 5.14 ist das typische Raman-Spektrum von unbearbeitetem kubischem Bornitrid dargestellt, wobei lediglich die kubische Strukturphase auftritt. Die typischen Ansprechfrequenzen der kubischen Gitterstruktur treten bei einer Ramanverschiebung von 1.056 cm^{-1} und 1.305 cm^{-1} in Erscheinung [41]. Im Vergleich dazu weist der laserbearbeitete Bereich die identischen Ansprechfrequenzen und darüber hinaus keine Ansprechfrequenz bei einer Ramanverschiebung von 1.370 cm^{-1} auf, was bestätigt, dass infolge der Laserbearbeitung kein hexagonales Bornitrid entstanden ist [41]. Dies belegt, dass bei Zerspanwerkzeugen, die mittels des entwickelten Laserprozesses final gestaltet werden, kein Einfluss einer Wärmeeinflusszone zu erwarten ist. Darüber hinaus kann aus der großen Bandlücke von CBN ($E_g \approx 6{,}2$ eV) in Kombination mit einem hohen CBN-Gehalt von $c = 90\%$ geschlossen werden, dass für den vorliegenden Ablationsprozess des PCBN Multiphotonenabsorption dominant ist [41, 42].

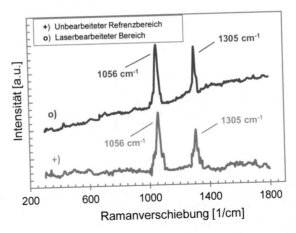

Abbildung 5.14: Ramanspektroskopie der unbearbeiteten Referenzfläche und der laserbearbeiteten Oberfläche; Werkstoff: PCBN-90, Laserparameter: $t_P = 10$ ps, $\lambda = 1.064$ nm, $P = 17$ W, $f = 1.000$ kHz, $PA = 2$ µm, $SA = 6$ µm

Auf Grundlage der gewonnenen Erkenntnisse wird für das weitere Vorgehen eine Laserleistung von $P = 17$ W und die Pulsfrequenz $f = 1.000$ kHz festgelegt. Im zweiten Abschnitt der Untersuchung des Einflusses der Puls- sowie Flächenenergieverteilung auf das Abtragergebnis erfolgt die Analyse der flächigen Belichtung. Hierbei stellen der Spurabstand SA und der Pulsabstand PA ein Maß der Verteilung der Einzelpulse, d.h. der Pulsenergieverteilung auf die Belichtungsfläche dar. Im Versuch wird eine Variation des Spurabstands und Pulsabstands im Bereich $SA = 2 - 10$ µm (SÜ $\approx 63 - 93$ %) und $PA = 1 - 4$ µm (PÜ $\approx 85 - 96$ %) durchgeführt. Die Untersuchung dieses Stellspektrums erfolgt, da beim Laserstrahlabtragen üblicherweise Puls- bzw. Spurüberlappe von >50% eingesetzt werden (vgl. Kapitel 2.2) und in diesem Bereich gleichzeitig, in Bezug auf die angestrebte Bearbeitung, nutzbare Scanngeschwindigkeiten bis $v_s = 4$ m/s vorliegen.

Für die variierten Spurabstände *SA* und Pulsabstände *PA* ist in Abbildung 5.15 die abgetragene Schichttiefe dargestellt. Die Schichttiefe ist definiert durch das Maß an Werkstoff, der je flächigem Belichtungsvorgang in *z*-Richtung subtraktiv entfernt wird. Die abgetragene Schichttiefe sinkt mit zunehmendem Puls- und Spurabstand. Darüber hinaus weisen verschiedene Kombinationen aus Spur- und Pulsabstand identische Prozessergebnisse hinsichtlich der abgetragenen Schichttiefe auf, solange ihr Produkt gleich bleibt (Abbildung 5.16). Folglich führt die Verteilung von Laserpulsen zunächst in Pulsabstandsrichtung und anschließend rechtwinklig dazu oder im Umkehrfall zunächst in Spurabstandsrichtung und anschließend in Pulsabstandsrichtung zu keinem Unterschied im Prozessergebnis. Dies bestätigt auch hier, für den untersuchten Bereich der belichtungsflächigen Verteilung der Einzelpulse, dass es zu keiner Wärmeakkumulation aufgrund von Puls-zu-Puls-Wechselwirkung kommt und dass ein thermisch beeinflusster Prozess ausgeschlossen werden kann. Ein solcher thermischer Einfluss würde sich auf die Abtragschwelle auswirken [116] und die abgetragene Schichttiefe würde sich somit beim Vertauschen der Reihenfolge der Pulsverteilung auf die Fläche ändern.

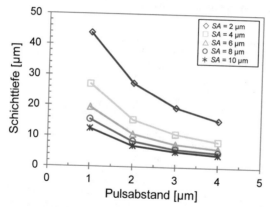

Abbildung 5.15: Abgetragene Schichttiefe über Pulsabstand für variierte Spurabstände; Werkstoff: PCBN-90, Laserparameter: t_P = 10 ps, λ = 1.064 nm, P = 17 W, f = 1.000 kHz

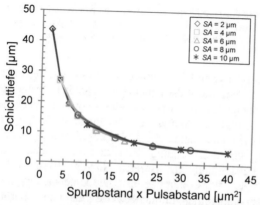

Abbildung 5.16: Abgetragene Schichttiefe über das Produkt aus Spur- und Pulsabstand; Werkstoff: PCBN-90, Laserparameter: t_P = 10 ps, λ = 1.064 nm, P = 17 W, f = 1.000 kHz, PA = 1 – 4 μm

Um den Einfluss der Flächenenergieverteilung in Bezug zu der im ersten Schritt analysierten Pulsenergieverteilung zu setzen, ist in Abbildung 5.17 die Abtragrate über die Flächenenergiedichte für variierte Spur- und Pulsabstände dargestellt. Bei Betrachtung dieser Ergebnisse ist als Besonderheit zu berücksichtigen, dass sich die Flächenenergiedichte mit der Variation von Spur- und Pulsabständen ändert. Dennoch beträgt die Pulsfluenz für alle Kombinationen $F_P = 2{,}93$ J/cm², sodass die vorliegende Betrachtung nur durch Heranziehen der Flächenenergiedichte möglich ist. Je höher der Spur- und Pulsabstand, umso niedriger ist die Flächenenergiedichte und umso höher ist die Abtragrate. Verglichen mit den Ergebnissen aus Abbildung 5.15 und Abbildung 5.16 kann festgestellt werden, dass es im Prozess trotz einer abnehmenden Schichttiefe zu einer höheren Abtragrate kommt. Der Grund hierfür ist in einer signifikant niedrigeren Zykluszeit der Belichtung pro Schicht durch größere Abstände zwischen den Pulsen zu sehen. Im Hinblick auf den Abtragprozess von Zerspanwerkzeugen wirkt sich eine geringe Schichttiefe ebenfalls vorteilhaft aus, da beim Abtragen von 3D-Geometrien wie z.B. Spanleitstufen glattere Oberflächen durch Vermeidung eines Treppenstufeneffekts bei der Zerlegung in Schichten erreichbar sind [92]. Aus diesen Gründen sind für die Festlegung von Spur- und Pulsabstand hohe Werte zu wählen, unter Berücksichtigung der Bedingung $s_{p,max} < d_f$ (vgl. Kapitel 4.3) und mit der Beschränkung des Pulsabstandes durch die maximale Pulsfrequenz sowie die maximale systemtechnisch mögliche als auch anwendungsfallbezogen mögliche Scangeschwindigkeit. Darüber hinaus werden bei einer Laserleistung von $P = 17$ W Abtragraten von bis zu $Q_A \approx 10$ mm³/min erreicht. Auf Basis der in Abbildung 5.17 zusätzlich dargestellten Daten für die variierte Laserleistung bei konstanter Pulsfrequenz sowie konstantem Spur- und Pulsabstand, können Vorhersagen für die Lage der charakteristischen Kurvenschar bei Leistungen $P \neq 17$ W getroffen werden. Es ist von einer Parallelverschiebung in Kombination mit einer Streckung bzw. Stauchung bei größerer bzw. kleinerer Laserleistung auszugehen wie die Versuchsreihe bei $P = 7$ W unter Variation des Spur- und Pulsabstands in Abbildung 5.17 bestätigt. Somit kann als charakteristischer Wert bei maximaler Laserleistung eine Abtragrate von bis zu $Q_A = 20$ mm³/min erreicht werden.

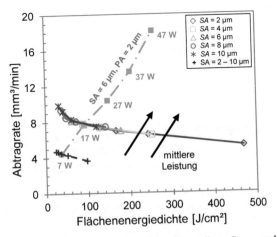

Abbildung 5.17: Abtragrate über Flächenenergiedichte für variierte Spur- und Pulsabstände sowie variierte Laserleistung; Werkstoff: PCBN-90, Laserparameter: $t_P = 10$ ps, $\lambda = 1.064$ nm, $P = 7 - 47$ W, $f = 1.000$ kHz, $PA = 1 - 4$ µm

In Bezug auf die in oben dargestellten Versuchsreihen erzielte Qualität der Laserbearbeitung, wird neben dem bereits diskutierten Wärmeeinfluss nachfolgend auf die im
Prozess erreichbare Oberflächenrauheit eingegangen. In Abbildung 5.18 ist die maximale Oberflächenrauheit S_z sowie die mittlere arithmetische Oberflächenrauheit S_a für
alle untersuchten Parameterkombinationen dargestellt. Der Verlauf der Oberflächenrauheit zeigt ein näherungsweise lineares Verhalten. Mit zunehmender Flächenenergiedichte steigt jedoch die Streuung um die lineare Interpolation. Weiterhin beträgt die
abgeschätzte minimal erreichbare Rauheit bei einer minimalen Flächenenergiedichte im
Bereich der Abtragschwelle von $\phi_{th} \approx 0{,}2$ J/cm² eine theoretische Rauheit in Höhe von
$S_z = 16{,}44$ µm und $S_a = 1{,}46$ µm.

Zur Einordnung der erzielten Oberflächenqualität beim Abtragen von PCBN wurde ein
direkter quantitativer Vergleich zwischen einem laserbearbeiteten und einem konventionell durch Schleifen hergestellten Zerspanwerkzeug eine vergleichende Rauheits-
messung unter identischen Bedingungen durchgeführt. Die Rauheit des konventionellen
Zerspanwerkzeugs beträgt $S_z = 14{,}83$ µm und $S_a = 1{,}59$ µm verglichen mit einer Oberflächenrauheit von $S_z = 17{,}34$ µm und $S_a = 1{,}52$ µm im laserbearbeiteten Fall. Dies zeigt,
dass laserbearbeitete Oberflächen in Bezug auf die Qualität in vergleichbarer Größenordnung liegen wie konventionelle Werkzeugoberflächen. Darüber hinaus ist bei laserbearbeiteten Schneidflächen im Hinblick auf die Oberflächengestalt von Vorteil, dass
mittels Laserbearbeitung CBN-Körner transkristallin getrennt werden und die Oberflächen somit freier von mikroskopischen Defekten sind als bei geschliffenen Werkzeugen. Geschliffene Werkzeuge neigen dazu, dass die Oberflächen Kornausbrüche
aufweisen, da mittels Schleifen eine transkristalline Korntrennung üblicherweise nicht
erfolgt [17, 59]. Diese Defekte können als Ausgangspunkt für Verschleiß im Zerspanprozess wirken [58].

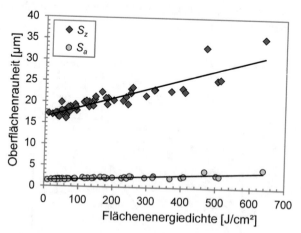

Abbildung 5.18: Maximale Oberflächenrauheit S_z und mittlere arithmetische Oberflächenrauheit S_a
über Flächenenergiedichte für alle untersuchten Parameterkombinationen; Werkstoff: PCBN-90,
Laserparameter: $t_P = 10$ ps, $\lambda = 1.064$ nm, $P = 2 - 47$ W, $f = 400 - 1.000$ kHz, $PA = 1 - 4$ µm,
$SA = 2 - 10$ µm

Zusammenfassend lässt sich durch die Anwendung der in Kapitel 4 vorgestellten Methode der Abtragprozess von PCBN mittels ps-Laserstrahlung systematisch charakterisieren, sodass ein Prozessverständnis erlangt wird und geeignete Prozesseinstellungen für die Fertigung von PCBN-Zerspanwerkzeugen abgeleitet werden können (siehe Kapitel 5.4). So lässt sich die Bandbreite an Parametersätzen z.B. zu optisch bzw. thermisch dominierten Ablationsbereichen zuordnen. Eine Einstellungsempfehlung für den Prozess kann zum einen für einen Arbeitspunkt gegeben werden, der z.B. für einen Schruppprozess nutzbar ist, wobei für die untersuchten Stellgrößen maximale Abtragraten von $Q_A > 18$ mm³/min, jedoch einhergehend mit erhöhten Oberflächenrauheiten erreicht werden können. Zum anderen lässt sich ein Parameterfenster für den Prozessschritt der Endbearbeitung von Zerspanwerkzeugen ableiten. Bei einem Arbeitspunkt im optisch dominierten Ablationsbereich lassen sich Abtragraten bis zu $Q_A = 10$ mm³/min erreichen, wobei auch die erzielte Oberflächenrauheit vergleichbar mit Oberflächen an konventionell bearbeiteten Zerspanwerkzeugen ist. Somit ist die technische Machbarkeit der Herstellung von PCBN-Werkzeugen durch einen Abtragprozess mit Pikosekundenlasern gegeben und der Prozess kann gleichermaßen zur Erstellung von Schneidkanten sowie zur Bearbeitung von Schutzfasen und Spanleitstufen genutzt werden.

5.3.3 Belichtungsstrategie

In den vorangegangenen Abschnitten wurden geeignete Prozessfenster für Einflussgrößen wie Fokuslage, Laserleitung, Pulsfrequenz, Scangeschwindigkeit etc. abgeleitet und ein Prozessverständnis für das Laserstrahlabtragen von Zerspanwerkzeugen aus PCBN erarbeitet. Dem in Kapitel 4 beschriebenen methodischen Vorgehen folgend wird im vorliegenden Abschnitt ein Prozessfenster für die Belichtungsstrategie abgeleitet, das zur laserbasierten Fertigung von Zerspanwerkzeugen eingesetzt wird (vgl. Kapitel 2.1). Vorversuche haben gezeigt, dass Stellparameter der geometrischen Belichtungsmuster die Qualität der Schneidkante stark beeinflussen können (Abbildung 5.19). Aus diesem Grund wird im vorliegenden Abschnitt vor der Festlegung eines Prozessfensters für die Belichtungsstrategie der spezifischen Zielanwendung eine grundsätzliche Charakterisierung von Stellgrößen der Belichtungsstrategie mit Einfluss auf die Werkzeugqualität und Bearbeitungszeit durchgeführt. Auf diese Weise soll ein Prozessverständnis geschaffen werden, um Erkenntnisse hieraus auch auf andere Prozesse zum Laserstrahlabtragen übertragen zu können.

Mögliche grundlegende geometrische Formen von Belichtungsmustern zur Kantenbearbeitung wurden nach dem Stand der Technik bereits untersucht und ein spiralförmiges Belichtungsmuster wurde als vorteilhaft identifiziert [21]. In Anlehnung daran wird in der vorliegenden Arbeit ebenfalls ein spiralförmiges Belichtungsmuster eingesetzt (vgl. Kapitel 2.1). Die Einstellparameter einer spiralförmigen Belichtungsstrategie wie Außendurchmesser und Spurabstand haben im Hinblick auf die Werkzeugqualität einen Einfluss auf die Parameter Kantenradius sowie Freiwinkel [21]. Im vorliegenden Anwendungsfall wird der Schneidkantenradius jedoch im Zuge der Herstellung der Schutzfase an der Schneidkante ausgebildet, sodass diese Größe hier nicht von Relevanz ist (siehe Kapitel 6). Neben dem Schneidkantenradius umfassen die definierten Zielkriterien (vgl. Kapitel 4.1) die Qualitätsparameter Kantenwelligkeit und Ausprägungsform der Trennfuge (Abbildung 5.19) sowie das zeitbezogene Zielkriterium Abtragrate. Im Folgenden wird der Einfluss der Stellgrößen eines spiralförmigen

Belichtungsmusters auf diese Zielgrößen untersucht und ein Bearbeitungsfenster identifiziert, das die obenstehenden Kriterien möglichst gut erfüllt. Für eine hohe Qualität der
Zerspanwerkzeuge ist die Kantenwelligkeit möglichst gering zu halten und für einen
produktiven Prozess gleichzeitig eine hohe Abtragrate zu erzielen. Die Ausprägungsform
der Trennfuge ist zudem so zu gestalten, dass das Querschnittsprofil der Trennfuge
möglichst geringe Höhenunterschiede aufweist und in Rechteck- oder Parabelform ausbildet ist. Starke lokale Höhenunterschiede und Einschnürungen im Querschnittsprofil
der Trennfuge stellen negative Einflüsse auf einen Prozess hoher Qualität und Stabilität
dar und sind daher zu vermeiden. Sie treten auf, wenn im Laserstrahlabtragprozess eine
ungleichmäßige Energieverteilung erfolgt und in stärker belichteten Bereichen daher
neben einer größeren thermischen Beeinflussung bereits eine Durchtrennung stattfindet,
während benachbarte Bereiche noch nicht durchtrennt sind.

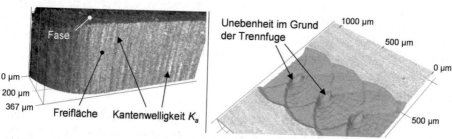

Abbildung 5.19: Negativbeispiel: hohe Kantenwelligkeit an einer Werkzeugschneide (links) und
ungünstige Ausprägungsform der Trennfuge (rechts)

Bei der Positionierung des Laserfokus mittels der Strahlablenkeinheit treten bei der
Belichtung von regelmäßigen Mustern, die Strecken mit einem Anfangs- und Endpunkt
beinhalten, Sprungbewegungen zwischen den einzelnen Strecken auf. Bei diesen
Sprungbewegungen kommt es zu Beginn und Ende der Laservektoren zu einer Be-
schleunigungs- bzw. Abbremsbewegung. In diesen Bereichen liegt die tatsächliche
Scangeschwindigkeit unterhalb der Soll-Scangeschwindigkeit, wodurch lokal eine
größere Streckenenergie auf die Werkstückoberfläche aufgebracht wird. In Folge dessen
kommt es zu einer unerwünschten lokalen Vergrößerung des Abtrags und somit zu
einem ungleichmäßigen Abtragergebnis über die Gesamtfläche, sodass ein Abtragergebnis geringer Qualität entsteht. Um eine kontinuierliche Laserbearbeitung ohne
Sprungbewegungen durchzuführen, wird ein spiralförmiges Belichtungsmuster eingesetzt, das in Abbildung 5.20a schematisch dargestellt ist. Der Durchlauf eines Spiral-
zyklus unterteilt sich in einen Vor- und Rücklauf. Im Vorlauf durchfährt der Laserfokus
die Spiralbahn von innen nach außen. Anschließend erfolgt der Rücklauf von außen nach
innen, wodurch sich eine Doppelspirale ergibt. Bei der Bearbeitung von Schneidkanten
wird das spiralförmige Belichtungsmuster mit der kontinuierlichen Bewegung der
mechanischen Achsen überlagert und es ergeben sich Verzerrungen des Belichtungsmusters (Abbildung 5.20b), die in Abbildung 5.20c zur besseren Erkennbarkeit des
Prinzips überzeichnet dargestellt sind. Wie in Abbildung 5.20b und Abbildung 5.20c zu
sehen ist, liegen Zeitpunkte vor, zu denen der Laserfokus entlang der Schneidkante geführt wird und Zeitpunkte, zu denen der Bearbeitungspunkt die ideal glatte Schneidkante
verlässt. Gleichzeitig bewegen sich die mechanischen Achsen weiter, was dazu führt,

dass eine Gestaltabweichung entlang der Schneidkante entsteht. Resultierende Größe ist die Kantenwelligkeit K_a (vgl. Abbildung 5.19 und Abbildung 5.25). Aus Abbildung 5.20 wird weiterhin ersichtlich, dass in erster Linie die Größen Außen- und Innendurchmesser d_a und d_i, Spurabstand SA, Scangeschwindigkeit v_s und Verfahrgeschwindigkeit des Werkstücks v_{achs} einen Einfluss auf die Kantenwelligkeit haben, da sie die bestimmenden Faktoren darstellen, zu welchem zeitlichen bzw. streckenmäßigen Anteil der Laserfokus entlang der Schneidkante geführt wird. Da die Größen ebenfalls einen Einfluss auf die flächige Verteilung der Laserstrahlenergie haben, wirken sie sich auch auf die Ausprägungsform der Trennfuge sowie auf die Abtragrate aus.

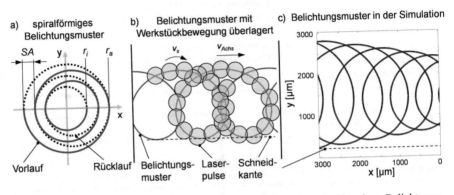

Abbildung 5.20: Schematische Darstellung a) der Grundform des spiralförmigen Belichtungsmusters b) des Belichtungsmusters mit Überlagerung des Achsvorschubs; c) exemplarische Darstellung des Belichtungsmusters mit Überlagerung eines überzeichnet hohen Achsvorschubs in der Simulation

Bei Betrachtung der aufgezeigten Stellgrößen der Belichtungsstrategie wird deutlich, dass die Parameter mit Einfluss auf das Prozessergebnis durch geometrische Größen und Geschwindigkeiten repräsentiert werden (vgl. Abbildung 5.20). Zudem führt die Vielzahl der Parameter im Falle einer experimentellen Untersuchung dieser zu einem hohen Versuchsaufwand. Im Gegensatz dazu lässt sich mittels einer Simulation der Untersuchungsaufwand zur Charakterisierung des Einflusses der Stellgrößen reduzieren, insbesondere, da die Stellgrößen aufgrund ihres geometrischen Charakters geeignet sind, um eine Simulation bei vergleichsweise geringem Aufwand durchzuführen. Daher erfolgt im Folgenden eine Modellbildung, die die Zusammenhänge zwischen Stellgrößen und Ergebnisgrößen abbildet. Der prinzipielle Ablauf und die Berechnungsweise des Modells läuft nach den in Abbildung 5.21 dargestellten Schritten ab, auf die im weiteren Verlauf eingegangen wird. Weiterhin werden bei der Modellbildung Vereinfachungen getroffen, die das Ziel verfolgen eine effiziente Berechnung zu gewährleisten und dabei eine Güte der Lösung zu erreichen, die geeignet ist, um Aussagen für den Laserprozess abzuleiten. Da geometrische Größen und Geschwindigkeiten die beeinflussenden Faktoren bezüglich der Ausbildung von Kantenwelligkeit darstellen, finden energetische Wechselwirkungen, thermische Effekte sowie Abschattungseffekte keine Berücksichtigung in der Modellbildung. Vielmehr erfolgt die Abbildung eines werkstoffspezifischen Abtragverhaltens durch Heranziehen der Pulsabtragtiefe sowie des Wirkdurchmessers des Laserfokus auf Basis der in Kapitel 5.3.2 und Kapitel 5.3.1 gewonnenen Erkenntnisse. Die zu erwartenden Abweichungen vom realen Abtragprozess beziehen sich vor allem auf die Abtragtiefe, die im realen Prozess durch ein begrenztes Aspektverhältnis limitiert wird [21, 71]. In der Simulation sind große Abtragtiefen durch Aufsummierung der Tiefen der einzelnen Pulsabträge zu erwarten. Bei einer häufigen Belichtung der gleichen *xy*-Position kann es im realen Abtragprozess zu einer Wärmeakkumulation kommen [134, 146, 160], sodass eine große Abtragtiefe in der Simulation einen Hinweis auf eine thermische Beeinflussung liefern kann.

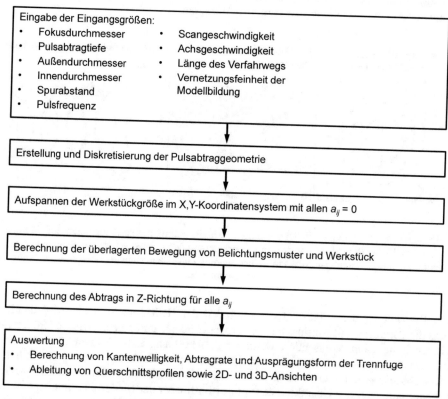

Abbildung 5.21: Ablaufschema der Simulation

Die Bildung des Modells für einen Abtragvorgang mit einem spiralförmigen Belichtungsmuster entlang einer Schneidkante erfolgt in Matlab in einem globalen, drei-dimensionalen, kartesischen Koordinatensystem. Volumina wie das Werkstückvolumen sowie das Volumen eines einzelnen Pulsabtrags werden im *xyz*-Koordinatensystem in Matrixform diskretisiert. Die Zeilen und Spalten der Matrix repräsentieren dabei die *xy*-Koordinaten der Bearbeitungsfläche. Die Werte a_{ij} der Matrix stellen die ganzzahli-gen Höheninformationen zur diskreten Darstellung eines Volumenkörpers dar, wobei der Nullpunkt auf der Werkstückoberfläche liegt und der Abtrag in negative *z*-Richtung erfolgt (Abbildung 5.22). Aus der Überlagerung von einzelnen Pulsabträgen bei Verfahr-bewegungen von Laserstrahl und Werkstück wird in der Berechnung der Gesamtabtrag bestimmt. Die Verfahrbewegung des Werkstücks erfolgt im Modell in *x*-Richtung (Abbildung 5.22).

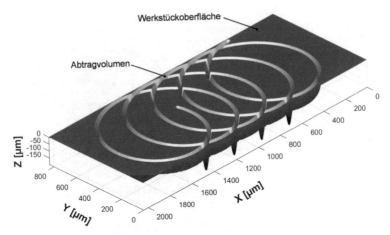

Abbildung 5.22: Definition der Koordinaten in der Modellbildung der Abtraggeometrie

Nach Festlegung der Eingangsparameter wird das Abtragvolumen des Einzelpulses anhand des Wirkdurchmessers und der Pulsabtragtiefe berechnet. Als Grundlage der Berechnung dient die Annahme eines gaußschen Strahlprofils, das bei ideal glatter Oberfläche und senkrechtem Einstrahlwinkels in erster Näherung zu einem paraboloiden Pulsabtrag führt [161]. Die Abbildung des Abtragvolumens eines Einzelpulses im Rahmen der Modellbildung erfolgt durch die analytische Beschreibung eines rotationssymmetrischen Paraboloids mit den beiden Eingangsgrößen Pulsdurchmesser und Pulstiefe (Abbildung 5.23). Beim Schnitt in xz-Ebene ist die zugeordnete zweidimensionale Parabel analytisch beschrieben durch

$$z(x) = \frac{h_p}{d_w^2} \cdot x^2 - h_p \qquad (5.2)$$

mit Pulstiefe h_p und Wirkdurchmesser bzw. Durchmesser des Pulsabtrags d_w.

Vor der Durchführung weiterer Berechnungsschritte im Rahmen der Modellbildung erfolgt im nächsten Schritt die Diskretisierung (Abbildung 5.23), die notwendig ist, um den ganzzahligen Zeilen und Spalten der Matrix einen Translationsfaktor auf reale Abmaße zuzuweisen. Anhand der analytischen Beschreibung des Pulsabtrags werden den diskreten xy-Positionen Höheninformationen zugeordnet. Der Auflösungsfaktor bestimmt die Feinheit der Abbildung des analytisch beschriebenen Pulsabtrags. Bei einem Auflösungsfaktor der Diskretisierung von $s_{kw} = 1$ entspricht ein Matrixelement einer Kantenlänge von $l = 1$ µm in allen drei Raumrichtungen x, y und z. Die Diskretisierung eines Pulsabtrags ist in Abbildung 5.23 schematisch dargestellt. Der analytisch beschriebene Pulsabtrag, in Abbildung 5.23 als Querschnittsprofil dargestellt, wird in diskreter Form in die Matrixdarstellung überführt, die dabei in ihren Elementen a_{ij} mit Höheninformationen befüllt wird.

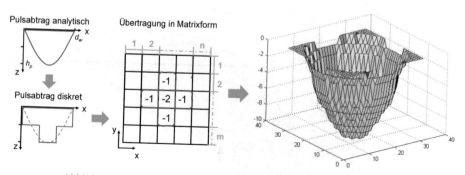

Abbildung 5.23: Erstellung und Diskretisierung der Pulsabtraggeometrie

Im Anschluss an die Diskretisierung des Pulsabtrags erfolgt die Berechnung der über-lagerten Bewegung von Belichtungsmuster und Werkstück. Zu diesem Zweck wird eine Laufzeit im Modell eingeführt. Die Position des Fokuspunktes zu jedem Zeitpunkt der Laufzeit wird durch die Komponenten der spiralförmigen Laserpositionierung sowie der linearen Werkstückbewegung bestimmt. Die Spiralbelichtung wird aus Halbkreisen zusammengesetzt (Abbildung 5.20), sodass die Laserfokusbewegung beginnend beim Innendurchmesser bzw. –radius für den ersten Halbkreis über folgenden Term be-schrieben ist:

$$\omega = \frac{v_s}{r_i} \tag{5.3}$$

Daraus ergibt sich für den Winkel um den Spiralmittelpunkt zur Laufzeit t:

$$\varphi(t) = \omega \cdot t \tag{5.4}$$

Die Koordinaten des Pulsabtrags ergeben sich dann zu:

$$x_{spiral}(t) = sin\left(\frac{v_s}{r_i} \cdot t\right) \cdot r_i \tag{5.5}$$

$$y_{spiral}(t) = cos\left(\frac{v_s}{r_i} \cdot t\right) \cdot r_i \tag{5.6}$$

Für den zweiten Halbkreis wird der Radius um den Spurabstand vergrößert und der Mittelpunkt um den Spurabstand auf der X-Achse verschoben:

$$x_{spiral}(t) = sin\left(\frac{v_s}{(r_i + SA)} \cdot t\right) \cdot r_i + SA \tag{5.7}$$

$$y_{spiral}(t) = cos\left(\frac{v_s}{(r_i + SA)} \cdot t\right) \cdot r_i \tag{5.8}$$

Die schrittweise Vergrößerung des Radius sowie die alternierende Nullpunktverschie-bung werden beim Ausführen der Spiralbelichtung in der Simulation durchlaufen bis der Außenradius erreicht ist. Im Anschluss erfolgen der Rücklauf der Spirale sowie die kontinuierliche Wiederholung des gesamten Vorgangs bis zum Ende der Modelllaufzeit, bedingt durch den Abschluss der Linearbewegung. Zur Bestimmung der Pulsabtrag-

koordinaten in x-Richtung zur Laufzeit werden diese mit der Linearbewegung des Werkstücks überlagert.

$$x_p(t) = x_{spiral}(t) + x_{linear}(t) \tag{5.9}$$

mit
$$x_{linear}(t) = \frac{v_{achs}}{t} \tag{5.10}$$

Nachdem die Pulsabtragkoordinaten bekannt sind, erfolgt an diesen die Berechnung des
Abtrags. Hierzu werden an allen a_{ij} infolge der Verfahrbewegung des Laserstrahls und
Werkstücks die auftreffenden diskreten Pulsabträge überlagert. So wird eine Ergebnis-
matrix berechnet, die den in Abbildung 5.24 dargestellten Abtrag repräsentiert.

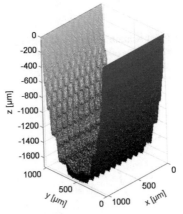

Abbildung 5.24: Grafische Repräsentation einer Ergebnismatrix;
Berechnungsparameter: d_a = 1.000 µm, d_i = 0 µm, SA = 6 µm, v_s = 2 m/s,
v_{achs} = 70 mm/min, f = 1.000 kHz, d_w = 30 µm, h_p = 2 µm, s_{kw} = 0,5

Nach der Berechnung des Abtrags erfolgt die Auswertung von Kantenwelligkeit,
Abtragrate und Ausprägungsform der Trennfuge. Die Kantenwelligkeit wird mittels der
Ableitung des Kantenprofils bestimmt, indem die Ergebnismatrix spaltenweises in
y-Richtung durchlaufen wird (vgl. Abbildung 5.22, Abbildung 5.23 und Abbildung 5.24)
bis das erste Matrixelement a_{ij} ungleich Null auftritt. Die jeweils identifizierte Zeile, in
der eine Abtragtiefe ungleich Null auftritt, wird in einen Vektor überführt, der nach
Durchlaufen der gesamten Ergebnismatrix den Verlauf des Kantenprofils in xy-Ebene
darstellt (Abbildung 5.25). Aus dem Profilverlauf wird der arithmetische Mittelwert K_a
als charakteristischer Wert abgeleitet, wodurch eine Vielzahl von Berechnungsergeb-
nissen quantitativ miteinander verglichen werden kann. Die Abtragrate Q_A bestimmt sich
aus dem Quotienten von Abtragvolumen und Zeit (vgl. Kapitel 4.5). Die Zeit entspricht
der Laufzeit der Berechnung und schließt die gesamte Verfahrbewegung bestehend aus
der Bewegung von Laserstrahl und Werkstück ein. Das Abtragvolumen ist darüber bestimmt, dass nach erfolgter Modellberechnung an jeder xy-Position die Höheninfor-
mation in z-Richtung bekannt ist. Zur Auswertung der Ausprägungsform der Trennfuge
werden die in der Ergebnismatrix enthaltenen Höheninformationen über die y-Richtung
aufgetragen und so ein Querschnittsprofil durch die Trennfuge erstellt. die drei typischen

Ausprägungsformen der Trennfuge sind in Abbildung 5.26 dargestellt, die im Rahmen der durchgeführten Simulation sowie der experimentellen Untersuchungen aufgetreten sind. Da die Ausprägungsformen nur qualitativ ausgewertet werden können, wird auf Basis der Höheninformationen des Querschnittsprofils zudem die mittlere Abtragtiefe im Grund der Trennfuge abgeleitet. Diese liefert zusätzlich eine quantitative Kenngröße zur Charakterisierung der Trennfuge, die im Rahmen der Konvergenzprüfung der Modellbildung und Diskussion der Berechnungsergebnisse genutzt wird.

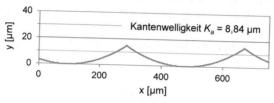

Abbildung 5.25: Profil der Kantenwelligkeit abgeleitet aus der Ergebnismatrix; Berechnungsparameter: $d_a = 600$ µm, $d_i = 0$ µm, $SA = 6$ µm, $v_s = 0,5$ m/s, $v_{achs} = 100$ mm/min, $f = 1.000$ kHz, $d_w = 30$ µm, $h_p = 2$ µm, $s_{kw} = 0,5$

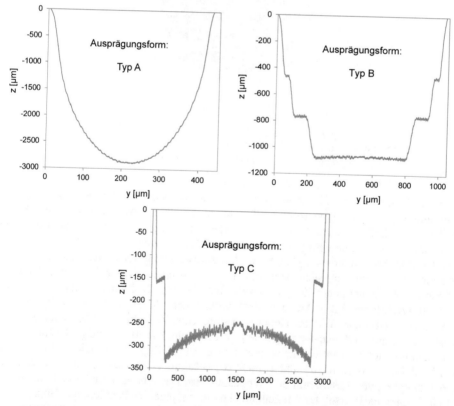

Abbildung 5.26: Typische Ausprägungsformen der Trennfuge; Berechnungsparameter: $d_{a1} = 400$ µm (oben links), $d_{a2} = 1.000$ µm (oben rechts), $d_{a3} = 3.000$ µm (unten), $d_i = 0$ µm, $SA = 6$ µm, $v_s = 2$ m/s, $v_{achs} = 100$ mm/min, $f = 1.000$ kHz, $d_w = 30$ µm, $h_p = 2$ µm, $s_{kw} = 0,5$

Nachdem die Grundlagen zur modellhaften Berechnung des Abtrags entlang einer Schneidkante vollständig vorliegen, ist die Prüfung der Konvergenz und Validität der Modellbildung erforderlich, um anschließend Prozessfenster und Einflüsse der Parameter auf das Bearbeitungsergebnis analysieren zu können. Zur Prüfung der Konvergenz des Modells wird im Folgenden bei Variation der Vernetzungsdichte das Verhalten der Ergebnisgrößen Kantenwelligkeit, Abtragrate und mittlere Abtragtiefe der Trennfuge untersucht (Abbildung 5.27 und Abbildung 5.28).

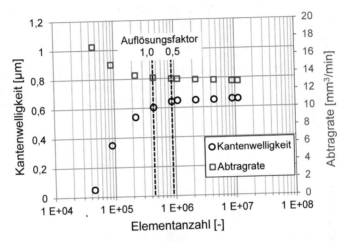

Abbildung 5.27: Kantenwelligkeit und Abtragrate in Abhängigkeit der Vernetzungsdichte; Berechnungsparameter: $d_a = 400$ μm, $d_i = 0$ μm, $SA = 6$ μm, $v_s = 2$ m/s, $v_{achs} = 100$ mm/min, $f = 1.000$ kHz, $d_w = 30$ μm, $h_p = 2$ μm

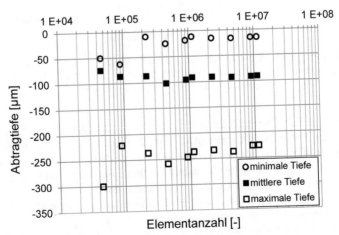

Abbildung 5.28: Abtragtiefe in Abhängigkeit der Vernetzungsdichte; Berechnungsparameter: $d_a = 400$ μm, $d_i = 0$ μm, $SA = 6$ μm, $v_s = 2$ m/s, $v_{achs} = 100$ mm/min, $f = 1.000$ kHz, $d_w = 30$ μm, $h_p = 2$ μm

Das Modell zeigt ein stetiges Verhalten bei Variation der Vernetzungsauflösung ohne ein Auftreten von Singularitäten. Bei einer geringen Elementzahl im Bereich unter $0,5 \cdot 10^6$ Elementen und einem Auflösungsfaktor von $s_{kw} > 1$ liegt ein starker Einfluss der Vernetzungsdichte auf das Berechnungsergebnis vor. Der Grund hierfür ist darin zu sehen, dass bei grober Vernetzungsauflösung ein Element der Berechnung einem größeren Volumen entspricht als bei feiner Vernetzung. Da in der Berechnung nur ganze Elemente abgetragen werden können, kommt es zu einer größeren Abtragrate und größeren Streuung der Gestaltabweichung erster und höherer Ordnung im Grund der Trennfuge, hier charakterisiert durch die minimale, mittlere und maximale Abtragtiefe in Abbildung 5.28. Die Kantenwelligkeit sinkt mit gröber werdender Vernetzung, da das eigentlich entstehende Profil durch große Volumenelemente nicht abgebildet werden kann. Mit zunehmender Elementzahl ab einem Auflösungsfaktor von $s_{kw} = 1$ lässt sich im Wertebereich die Konvergenz hin zu einem Zielwert beobachten (Abbildung 5.27 und Abbildung 5.28). Das Berechnungsergebnis der Auswertegrößen ändert sich bei Zunahme der Elementanzahl um eine Größenordnung nur noch um weniger als 4 %.

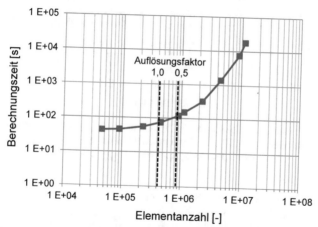

Abbildung 5.29: Modellberechnungszeit in Abhängigkeit der Elementanzahl; Berechnungsparameter: $d_a = 400$ µm, $d_i = 0$ µm, $SA = 6$ µm, $v_s = 2$ m/s, $v_{achs} = 100$ mm/min, $f = 1.000$ kHz, $d_w = 30$ µm, $h_p = 2$ µm

Im Anschluss an die Überprüfung der Konvergenz des Berechnungsmodells ist die Festlegung eines Auflösungsfaktors notwendig. Dies ist erforderlich, um Berechnungsergebnisse unter Variation der Stellgrößen miteinander vergleichen zu können und so den Einfluss der Stellgrößen auf die Kantenwelligkeit, Abtragrate und Ausprägungsform der Trennfuge zu charakterisieren. Zur Festlegung eines Auflösungsfaktors sind die beiden Faktoren Genauigkeit und Aufwand der Berechnung gegeneinander abzuwägen. Wie oben beschrieben ist ab einem Auflösungsfaktor von $s_{kw} < 1$ nur noch mit einer geringen Zunahme der Genauigkeit des Berechnungsergebnisses zu rechnen. Dem gegenüber steht die Berechnungszeit des Modells, die ebenfalls abhängig von der Vernetzungsauflösung ist. Ab einer Elementzahl von $0,5 \cdot 10^6$ bzw. ab einem Auflösungsfaktor von $s_{kw} < 0,5$ steigt die Berechnungszeit wie in Abbildung 5.29 dargestellt überproportional stark an. Dieses Verhalten lässt sich dadurch erklären, dass bei höherer Elementanzahl aufgrund der feineren Vernetzung mehr Rechenoperationen zur Bestimmung des Abtragergebnisses notwendig sind. Dennoch lässt sich ab einem Auflösungsfaktor von $s_{kw} < 1$ trotz überproportionalem Anstieg der Berechnungszeit nur ein geringfügig besseres Berechnungsergebnis erzielen, sodass in Schlussfolgerung für weitere Berechnungen der Auflösungsfaktor von $s_{kw} = 0,5$ festgelegt wird. Dies entspricht einer Elementanzahl von $0,9 \cdot 10^{6}$ und einer Berechnungszeit von $t \approx 120$ Sekunden unter den vorliegenden Randbedingungen (Abbildung 5.29).

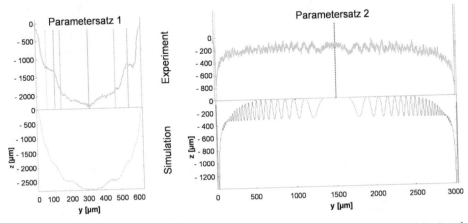

Abbildung 5.30: Querschnittsprofil der Trennfuge im Vergleich zwischen Experiment (oben) und Berechnung (unten); Werkstoff: PCBN-90, Parameter: $t_P = 10$ ps, $\lambda = 1.064$ nm, $P = 7$ W, $f = 1$ MHz, $d_i = 0$ µm, $SA = 6$ µm, $d_w = 30$ µm, $h_p = 2$ µm, $s_{kw} = 0,5$, $v_{s1} = 1,0$ m/s, $d_{a1} = 600$ µm, $v_{achs1} = 70$ mm/min (links), $v_{s2} = 0,5$ m/s, $d_{a2} = 3.000$ µm, $v_{achs2} = 150$ mm/min (rechts)

Nach der Festlegung des Auflösungsfaktors für die Simulation, wird im Folgenden die Validität der Berechnung im Hinblick auf den Übereinstimmungsgrad zwischen Simulation und Realität bei der Kantenwelligkeit, Abtragrate und Ausprägungsform der Trennfuge untersucht. Zur Darstellung des Abgleichs zwischen Berechnung und Experiment hinsichtlich der Ausprägungsform der Trennfuge sowie der mittleren Abtragtiefe und Abtragrate sind in Abbildung 5.30 exemplarisch zwei berechnete und zwei experimentell erzeugte Querschnittsprofile für unterschiedliche Berechnungsparameter gegenüber gestellt. Entsprechend wurde für das Spektrum der Stellparameter im Bereich der Scangeschwindigkeit von $v_s = 500 - 4.000$ mm/s, der Werkstückgeschwindigkeit von $v_{achs} = 40 - 150$ mm/min, des Spiralaußendurchmessers von $d_a = 0,2 - 3,0$ mm und des Spurabstands von $SA = 5 - 50$ µm vorgegangen. In den Profilen ist bei der Simulation eine Überhöhung insbesondere in eng eingeschnürten Bereichen zu beobachten und die Abtragtiefe sowie die Gestaltabweichung erster und höherer Ordnung im Grund der Trennfuge sind im Vergleich zum Experiment erhöht (vgl. Abbildung 5.30). Die Erklärung hierfür liegt darin, dass in der Modellbildung Abschattungseffekte, wie sie im Experiment in Bereichen mit einem Aspektverhältnis Breite zu Tiefe von A > 1:10 [21, 71] auftreten, aus Gründen der effizienten Berechnung gezielt vernachlässigt wurden. Die qualitativen Verläufe der Querschnittsprofile von Simulation und Experiment sind trotz dessen jedoch hinreichend vergleichbar für die hier untersuchte Zielstellung, sodass die Abbildung der Ausprägungsform der Trennfuge zutreffend ist. Bei der Diskussion der Berechnungsergebnisse werden die Auswertegrößen der Abtragrate und der mittleren

Abtragtiefe aufgrund der quantitativen Überhöhung der Berechnungsergebnisse als einheitslose Relativgrößen angegeben und auf diese Weise Rückschlüsse auf den vergleichsweisen Einfluss von Stellgrößen auf das Bearbeitungsergebnis gezogen.

Weiterhin erfolgt die Untersuchung der Validität der Kantenwelligkeit anhand eines Vergleichs zwischen Simulation und Experiment unter Variation der Stellgrößen Scangeschwindigkeit, Verfahrgeschwindigkeit des Werkstücks, Spurabstand und Spiralinnen- sowie –außendurchmesser. Um die Ergebnisse bei Variation dieser Vielzahl an Stellgrößen miteinander vergleichen zu können, wird der effektive Vorschub des Laserfokus eingeführt. Dieser beschreibt, welcher Vorschubweg zurückgelegt wird, während das spiralförmige Belichtungsmuster einmal in Vor- und Rücklauf belichtet wird. Der effektive Vorschub berechnet sich zu

$$f_{eff} = \frac{l_{spiral}}{v_s} \cdot v_{achs} \tag{5.11}$$

wobei

$$l_{spiral} = f(d_i, d_a, SA) \tag{5.12}$$

die abgewickelte Weglänge des spiralförmigen Belichtungsmusters darstellt. Der effektive Vorschub fasst somit alle variierten Stellparameter, die für die Ausbildung der Kantenwelligkeit prägend sind, in einer charakteristischen Größe zusammen, sodass die verschiedenen Parameterkombinationen miteinander verglichen werden können.

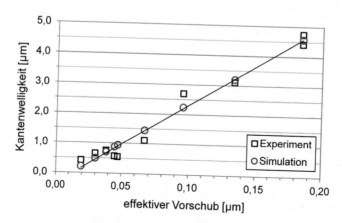

Abbildung 5.31: Gegenüberstellung von Berechnungsergebnis und Experiment;
Parameter: $t_p = 10$ ps, $\lambda = 1.064$ nm, $P = 7$ W, $f = 1.000$ kHz, $v_s = 0,5 - 3$ m/s, $d_a = 400 - 1.000$ μm,
$d_i = 0$ μm, $SA = 5 - 50$ μm, $v_{achs} = 40 - 150$ mm/min, $d_w = 30$ μm, $h_p = 2$ μm, $s_{kw} = 0,5$

Der Vergleich zwischen berechneter und experimentell bestimmter Kantenwelligkeit in Abbildung 5.31 zeigt eine gute Übereinstimmung zwischen Berechnung und Experiment und die maximale Abweichung beträgt $\Delta K_a = 0,46$ μm. Im Folgenden können daher die Berechnungsergebnisse zur Charakterisierung des Einflusses der beschriebenen Stellgrößen auf die Kantenwelligkeit herangezogen werden.

Nachdem im Anschluss an die Modellbildung die Konvergenz sowie Validität der Berechnung geprüft wurde, erfolgt die Charakterisierung des Einflusses der Stellparameter Scangeschwindigkeit, Werkstückgeschwindigkeit sowie Außendurchmesser der spiralförmigen Belichtungsgeometrie auf das Bearbeitungsergebnis mit dem Ziel, Prozessfenster für die Bearbeitung von Trennfugen geringer Kantenwelligkeit zu identifizieren, wie sie bei der Fertigung von Zerspanwerkzeugen gefordert sind (vgl. Kapitel 4.1). Zur Variation der Stellparameter wird das Stellspektrum für jede Einflussgröße festgelegt, was in Anlehnung an die in Kapitel 5.3.2 ermittelten Prozessfenster geschieht. Auf dieser Basis wird die Scangeschwindigkeit im Bereich v_s = 500 - 4.000 mm/s, die Werkstückgeschwindigkeit im Bereich v_{achs} = 40 - 150 mm/min und der Außendurchmesser im Bereich d_a = 0,2 - 3,0 mm variiert.

Die Ergebnisse der Simulation in Bezug auf die Kantenwelligkeit und die Abtragrate sind in Abbildung 5.32 dargestellt. Für die Kantenwelligkeit ist festzustellen, dass je kleiner die Achsgeschwindigkeit, je kleiner der Spiraldurchmesser und je größer die Scangeschwindigkeit, desto kleiner fällt die Kantenwelligkeit aus. Gleichzeitig treten in diesem Parameterbereich hohe Abtragraten auf, sodass für beide Zielgrößen eine optimale Einstellung in je gleichläufiger Richtung bezüglich aller drei Stellgrößen anzustreben ist. Weiterhin führen hohe Scangeschwindigkeiten zusammen mit geringen Achsgeschwindigkeiten und Spiraldurchmessern zur anzustrebenden Ausprägungsform der Trennfuge vom Typ A (Abbildung 5.33, vgl. Abbildung 5.26). Diese Form geht mit einer großen mittleren Tiefe der Trennfuge einher, wie sie in Abbildung 5.34 über das betrachtete Parameterspektrum dargestellt ist. In Bezug auf die mittlere Tiefe der Trennfuge zeigte sich zudem, dass die Scangeschwindigkeit einen im Vergleich zu den anderen Stellparametern vernachlässigbaren Einfluss über alle Parameterkombinationen aufweist. Auf die Darstellung der Scangeschwindigkeit wurde daher in Abbildung 5.34 verzichtet.

Trotz der dargestellten Gleichläufigkeit der erkennbaren Optimierungsrichtungen der Parametereinstellungen (Abbildung 5.32) unterliegen diese den im Folgenden beschriebenen Begrenzungen. Grenzen treten zum einen durch Limitierungen der Stellbereiche durch die hinterliegenden Anlagenkomponenten auf, wie z.B. im Falle der Strahlablenkeinheit durch die maximal einstellbare Scangeschwindigkeit. Zum anderen ist eine Limitierung aus folgenden Aspekten des Bearbeitungsprozesses erforderlich. So führt die Wahl einer minimalen Achsgeschwindigkeit zwar zu einer geringen Kantenwelligkeit und hohen Abtragrate sowie zu einer anzustrebenden Ausprägungsform der Trennfuge (Abbildung 5.32 und Abbildung 5.33), jedoch legt die Achsgeschwindigkeit auch die erforderliche Zeit fest, die für die Bearbeitung der Länge der Schneidkante benötigt wird. Um eine wirtschaftlich nutzbare Bearbeitungszeit zu gewährleisten ist ein Kompromiss zwischen Kantenwelligkeit und Bearbeitungszeit zu treffen bzw. abzuwägen gegebenenfalls eine höhere Achsgeschwindigkeit zu wählen und dafür eine geringere Bearbeitungstiefe je Überfahrt zu erzielen. In Bezug auf den Spiraldurchmesser wird die minimale Größe der Spirale durch die zur Bearbeitung notwendige minimale Breite der Trennfuge begrenzt, da ein Aspektverhältnis von Abtragbreite zu Abtragtiefe von A ≈ 1:5 für den Prozess des Laserstrahlabtragens eine prinzipbedingte Obergrenze darstellt (vgl. Kapitel 2). D.h. je größer die Stärke des Zerspanwerkzeugs, das gefertigt werden soll, umso größer muss auch der minimale Spiraldurchmesser ausgeführt sein. So ist z.B. ein minimaler Spiraldurchmesser von d_a = 600 µm für eine Wendeschneidplatte mit einer Stärke von d = 3 mm Stärke erforderlich.

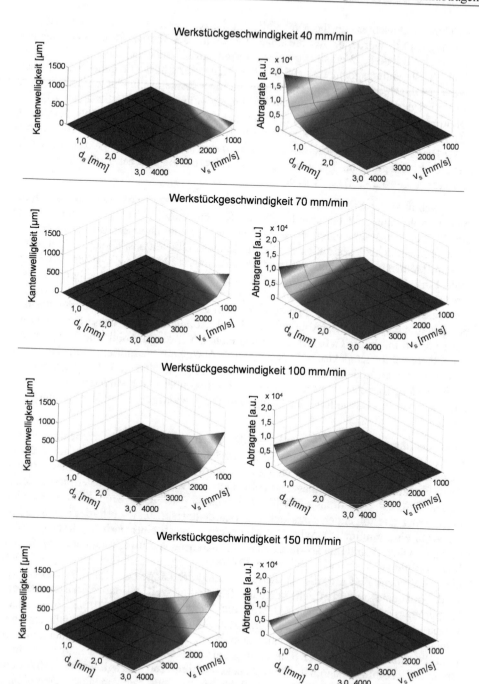

Abbildung 5.32: Berechnungsergebnisse der Kantenwelligkeit und Abtragrate bei Variation von Scangeschwindigkeit, Werkstückgeschwindigkeit und Außendurchmesser des spiralförmigen Belichtungsfelds; Berechnungsparameter: $d_i = 0$ µm, $SA = 6$ µm, $f = 1.000$ kHz, $d_w = 30$ µm, $h_p = 2$ µm, $s_{kw} = 0,5$

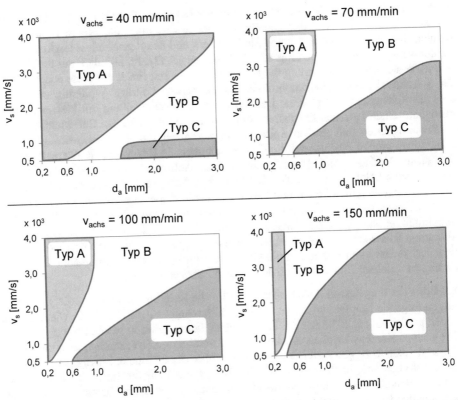

Abbildung 5.33: Berechnungsergebnisse der Ausprägungsformen der Trennfuge bei Variation von Scangeschwindigkeit, Werkstückgeschwindigkeit und Außendurchmesser des spiralförmigen Belichtungsfelds; Berechnungsparameter: $d_i = 0$ µm, $SA = 6$ µm, $f = 1.000$ kHz, $d_w = 30$ µm, $h_p = 2$ µm, $s_{kw} = 0,5$

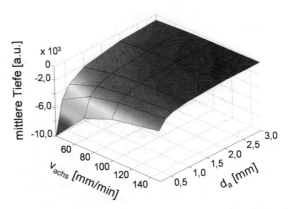

Abbildung 5.34: Berechnungsergebnisse der mittleren Abtragtiefe bei Variation von Werkstückgeschwindigkeit und Außendurchmesser des spiralförmigen Belichtungsfelds; Berechnungsparameter: $d_i = 0$ µm, $SA = 6$ µm, $v_s = 0,5 - 4$ m/s, $f = 1.000$ kHz, $d_w = 30$ µm, $h_p = 2$ µm, $s_{kw} = 0,5$

Weiterhin zeigt ein Vergleich der Stellparameter bezüglich ihrer Rangfolge des quantitativen Einflusses auf das Abtragergebnis folgende Zusammenhänge auf. Es ist zu erkennen, dass der Einfluss des Spiraldurchmessers und der Scangeschwindigkeit auf die Kantenwelligkeit in etwa gleich groß ist (Abbildung 5.32). Im Hinblick auf die Abtragrate wirkt sich eine Veränderung der Scangeschwindigkeit linear auf diese aus, während der Spiraldurchmesser überproportional zur Abtragrate beiträgt. Weiterhin zeigt sich, dass die Achsgeschwindigkeit im Bereich einer Prozesseinstellung mit kleiner Kantenwelligkeit einen vernachlässigbaren Einfluss auf diese ausübt. Bei kleinen Scangeschwindigkeiten und großen Spiraldurchmessern hat die Achsgeschwindigkeit hingegen einen großen Einfluss auf die Kantenwelligkeit. In Bezug auf die Abtragrate kehrt sich dieses Verhalten um und der Einfluss der Achsgeschwindigkeit ist bei kleinen Scangeschwindigkeiten und großen Spiraldurchmessern vernachlässigbar, während bei großen Scangeschwindigkeiten und kleinen Spiraldurchmessern ein großer Einfluss auf die Abtragrate vorliegt. Zusammenfassend lässt sich feststellen, dass sich eine allgemeingültige Rangfolge der Parameter bezüglich der Größe ihres Einflusses auf das Abtragergebnis nicht aufstellen lässt. Vielmehr ergibt sich eine Abhängigkeit untereinander, sodass es in Bezug auf die Größe des Einflusses eines Parameters darauf ankommt, in welchem Einstellbereich die anderen Parameter liegen.

Auf Basis der dargelegten Analyse lässt sich für die Laserbearbeitung von Zerspanwerkzeugen folgende Empfehlung geben. Der Spiraldurchmesser sollte so klein wie möglich, jedoch größer als ca. 20 % der Stärke der Schneidkante gewählt werden ($5 \cdot d_a \geq d$), um eine geringe Kantenwelligkeit und komplette Ausführung der Trennfuge über die Stärke der Schneidkante zu gewährleisten. Weiterhin sollte der Parameter Scangeschwindigkeit möglichst hoch eingestellt werden und die Achsgeschwindigkeit unter Einhaltung einer wirtschaftlichen Bearbeitungsgeschwindigkeit entlang der Schneidkante möglichst gering gehalten werden, um eine geringe Kantenwelligkeit zu erzielen. Perspektivisch lässt sich zudem von einer Übertragbarkeit der dargelegten Zusammenhänge auf andere Anwendungen (auch mit ggf. anderen Werkstoffen) ausgehen, da die beschriebenen Einflüsse der Belichtungsstrategie in erster Linie durch geometrische Parameter der Verfahrbewegung des Laserstrahls entlang der Kante bedingt sind.

5.4 Prozessfenster

Die Anwendung des in Kapitel 4 vorgestellten methodischen Vorgehens zur Prozessentwicklung hat zu einem Prozessverständnis geführt auf Basis dessen eine Einstellungsempfehlung für die untersuchten Stellgrößen und die in Kapitel 5.1 dargestellte Bearbeitungsaufgabenstellung gegeben werden kann. Im Verlauf der Prozessentwicklung festzulegende Größen, die sich auf den mechanischen und optischen Aufbau des Laserbearbeitungssystems beziehen, sind in Kapitel 5.3 eingangs aufgeführt (vgl. Tabelle 5.6). Darüber hinaus sind in Tabelle 5.9 und Tabelle 5.10 mögliche Prozessfenster für eine Schruppbearbeitung sowie eine Endbearbeitung von Zerspanwerkzeugen aus PCBN-90 zusammengefasst. Die Festlegung von Parametern der Belichtungsstrategie erfolgt in Abhängigkeit der Geometrie des jeweiligen Zerspanwerkzeugs und wird aus diesem Grund in Kapitel 6 ausgeführt.

Tabelle 5.9: Prozessfenster Schruppbearbeitung

Schruppen

Parameter	Puls-dauer	Wellen-länge	Laser-leistung	Puls-frequenz	Scan-geschwindigkeit	Spur-abstand	Fokus-lage
Abkürzung	t_p	λ	P	f	v_s	SA	z
Wert	10	1.064	17	1.000	1.250	6	0
Einheit	ps	nm	W	kHz	mm/s	µm	mm

Tabelle 5.10: Prozessfenster Endbearbeitung

Endbearbeitung

Parameter	Puls-dauer	Wellen-länge	Laser-leistung	Puls-frequenz	Scan-geschwindigkeit	Spur-abstand	Fokus-lage
Abkürzung	t_p	λ	P	f	v_s	SA	z
Wert	10	1.064	3 – 7	1.000	2.000	6	0
Einheit	ps	nm	W	kHz	mm/s	µm	mm

5.5 Übertragung der Prozessentwicklung auf veränderte Bearbeitungsaufgabenstellungen

In den vorangegangenen Abschnitten erfolgte die Erprobung des in Kapitel 4 vorgestellten methodischen Vorgehens zur Prozessentwicklung des Laserstrahlabtragens von PCBN. Für die in Kapitel 5.1 dargestellte Bearbeitungsaufgabenstellung der Fertigung von Zerspanwerkzeugen aus PCBN-90 wurde eine detaillierte Prozessentwicklung durchgeführt. Weiterhin wurde in Kapitel 2 und 3 die Forderung nach einer Übertragbarkeit und Flexibilität der Prozessentwicklung auf andere Problemstellungen beim Laserstrahlabtragen abgeleitet. Daher wird aufbauend auf der durchgeführten Prozessentwicklung in den folgenden Abschnitten das methodische Vorgehen auf veränderte Bearbeitungsaufgabenstellungen angewandt. Dabei werden die Erkenntnisse aus den vorangegangenen Abschnitten von Kapitel 5 genutzt und es wird gezielt an Stellen der Prozessentwicklung angesetzt, die sich von Kapitel 5.3 unterscheiden und für das Ergebnis von besonderer Relevanz sind. Relevante Schritte, an denen angesetzt wird, wurden anhand des erarbeiteten Prozessverständnisses identifiziert, sodass auf diese Weise die effiziente Gestaltung eines alternativen Durchlaufs des methodischen Vorgehens erfolgt.

Im Vergleich zu der Bearbeitungsaufgabenstellung in Kapitel 5.1 führt die Definition einer alternativen Bearbeitungsaufgabenstellung wie der zerspanenden Bearbeitung von hochwarmfesten Legierungen oder Guss zur Auswahl von anderen PCBN-Sorten. Daher findet im Folgenden die Untersuchung von verschiedenen PCBN-Sorten sowie von einer Hartmetall-Sorte statt. Zudem erfordern alternative Bearbeitungsaufgabenstellungen unter anderem auch Zerspanwerkzeuge, die eine Spanleitstufe aufweisen. Die Einbringung von Spanleitstufen und die Endbearbeitung der Schneidkante im gleichen Prozess sowie in derselben Ausspannung stellt einen Vorteil der Laserbearbeitung von Zerspanwerkzeugen dar [110]. Dabei kommen bei der Bearbeitung von Spanleitstufen, in Erweiterung der in Kapitel 5.3.3 untersuchten Belichtungsstrategie, keine repetierten und keine spiralförmigen Belichtungsmuster zum Einsatz, sondern es erfolgt ein Abtrag durch schichtweise Belichtung der Querschnittsfläche des abzutragenden Volumens (vgl. Kapitel 2.2). Bei der Fertigung von Spanleitstufen ist insbesondere die Realisierung einer hohen Oberflächengüte erforderlich, sodass im Folgenden auf denjenigen Entwicklungsschritt im methodischen Vorgehen im Detail eingegangen wird, in dem die Parameter der Belichtungsstrategie festgelegt werden.

5.5.1   Gegenüberstellung verschiedener CBN-Sorten

Nachdem die in Kapitel 4 vorgestellte Methode zur Charakterisierung des Laserstrahlabtragverhaltens in den vorangegangenen Abschnitten auf den Werkstoff PCBN angewendet wurde, wird im Folgenden der Einfluss unterschiedlicher PCBN-Sorten auf das Abtragergebnis untersucht. Generell wird das Verhalten beim Laserstrahlabtragen durch den zu bearbeitenden Werkstoff beeinflusst (vgl. Kapitel 2.2). Entsprechend des in Kapitel 2 dargestellten Stands der Technik, stellen speziell in Bezug auf den Werkstoff PCBN der CBN-Gehalt, der Bindertyp sowie die Korngröße die wichtigsten Faktoren dar, die die Eigenschaften dieses Werkstoffs beeinflussen. Daher wird die in Kapitel 4 entwickelte Methode zur Charakterisierung des Prozessverhaltens in Bezug auf diese drei Einflussgrößen an sechs verschiedenen PCBN-Sorten evaluiert. Die untersuchten PCBN-Sorten wurden in Kapitel 4.5 (vgl. Tabelle 4.1) hinsichtlich ihrer wichtigsten Größen charakterisiert. Die Gruppierung „CBN-Gehalt" weist einen schrittweise sinkenden CBN-Gehalt bei gleichartigem, titanbasiertem Binder auf, während die Gruppe „Binder" bei konstantem CBN-Gehalt einen metallischen sowie einen keramischen Binder auf Wolframkarbidbasis beinhaltet. Das Versuchsvorgehen sowie die festen und variablen Versuchsparameter im vorliegenden Abschnitt sind analog zu dem Vorgehen in Kapitel 5.3.2 (vgl. Tabelle 5.8). Beim Durchführen der Versuchsreihen zu verschiedenen PCBN-Sorten konnte dabei bestätigt werden, dass das charakteristische qualitative Abtragverhalten trotz abweichender Werkstoffzusammensetzung bestehen bleibt, wie es in Kapitel 5.3.2 beschrieben wurde. So sind die qualitativen Verläufe und auftretenden Phänomene analog zu den Beschreibungen in Kapitel 5.3.2 zu sehen. Aus diesem Grund sind im Folgenden die Ergebnisse des Abtragprozesses bei einer zu favorisierenden Pulsfrequenz von $f = 1.000$ kHz stellvertretend gegenübergestellt. Diese sind zum quantitativen Vergleich der Sorten untereinander auf den Bezugswert von „PCBN-90" normiert, dessen charakteristisches Abtragverhalten in Kapitel 5.3.2 beschrieben wurde.

Auswirkungen des variierten CBN-Gehalts auf den Laserprozess sind in Abbildung 5.35 und Abbildung 5.36 dargestellt. Während das qualitative Verhalten der PCBN-Sorten im Laserprozess analog zueinander ist, ergeben sich quantitative Unterschiede. Mit abnehmendem CBN-Anteil sinkt die Abtragrate bezogen auf die von PCBN-90 um durchschnittlich 44% bei PCBN-65 und 61% bei PCBN-50 sowie PCBN-45 (Abbildung 5.35). Die Rauheit sinkt ebenfalls, zeigt aber nur einen Abfall um im Mittel 15% bei PCBN-65 und 28% bei PCBN-50 der ursprünglich bei PCBN-90 erreichten Oberflächenrauheit. Im Gegensatz dazu tritt bei 45-prozentigem PCBN eine Senkung der Oberflächenrauheit um 40% auf (Abbildung 5.36). Die dargestellten quantitativen Abweichungen im Abtragverhalten lassen sich durch eine Veränderung in der Abtragschwelle aufgrund des geringeren CBN-Gehalts erklären (Abbildung 5.37). Reines CBN weist eine geringere Abtragschwelle als der keramische Binder auf [22, 127, 162], sodass durch den sinkenden CBN-Anteil der Einfluss des reinen Abtragverhaltens des Binders steigt.

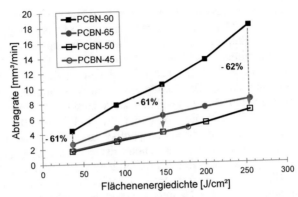

Abbildung 5.35: Abtragrate in Abhängigkeit des CBN-Gehalts; Laserparameter: t_P = 10 ps, λ = 1.064 nm, P = 7 – 47 W, f = 1.000 kHz, PA = 2 μm, SA = 6 μm

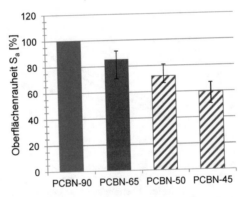

Abbildung 5.36: Oberflächenrauheit in Abhängigkeit des CBN-Gehalts; Laserparameter: t_P = 10 ps, λ = 1.064 nm, P = 2 – 47 W, f = 400 – 1.000 kHz, PA = 2 μm, SA = 6 μm

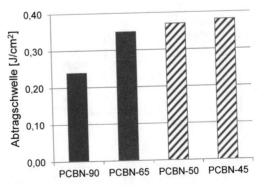

Abbildung 5.37: Abtragschwelle in Abhängigkeit des CBN-Gehalts; Laserparameter: t_P = 10 ps, λ = 1.064 nm, P = 2 – 47 W, f = 400 – 1.000 kHz, PA = 2 μm, SA = 6 μm

Zur Quantifizierung des Einflusses auf den Laserprozess durch Unterschiede im Binder sind in Abbildung 5.38 die identifizierten Abtragraten gegenübergestellt, die bei metallischem Binder im Vergleich zu einer keramischen Bindermatrix sowie einer Bindermatrix auf Wolframkarbidbasis auftreten. Darüber hinaus weisen die dargestellten PCBN-Sorten einen ansonsten identischen CBN-Anteil sowie eine nahezu identische Korngröße auf (vgl. Tabelle 4.1). Die Abtragrate ist im Bereich kleiner Flächenenergiedichten für alle betrachteten Binder vergleichbar. Während im Bereich von Flächenenergiedichten ab $F_A \approx 100$ J/cm^2 die Abtragrate des PCBNs mit Binder auf Wolframkarbidbasis näherungsweise unverändert und parallel zum PCBN-90 ansteigt, fallen die Abtragraten für PCBN mit metallischem Binder geringer aus. Umgekehrt verläuft die Oberflächenrauheit im betrachteten Bereich (Abbildung 5.39). Während die PCBN-Sorte mit metallischem Binder vergleichbar große Oberflächenrauheiten aufweist wie die Sorte mit keramischem Binder auf Titanbasis, steigt die Rauheit für PCBN mit Binder auf Wolframcarbid-Basis stärker an und liegt bei gleicher Prozesseinstellung um ca. 30% bis 150% oberhalb der anderen betrachteten Sorten.

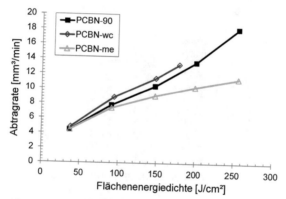

Abbildung 5.38: Abtragrate in Abhängigkeit des Binder-Typs;
Laserparameter: $t_P = 10$ ps, $\lambda = 1.064$ nm, $P = 7 – 47$ W, $f = 1.000$ kHz, $PA = 2$ μm, $SA = 6$ μm

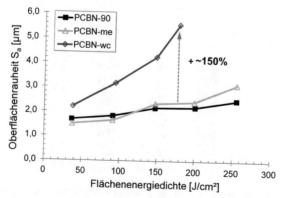

Abbildung 5.39: Oberflächenrauheit in Abhängigkeit des Binder-Typs;
Laserparameter: $t_P = 10$ ps, $\lambda = 1.064$ nm, $P = 7 – 47$ W, $f = 1.000$ kHz, $PA = 2$ μm, $SA = 6$ μm

Zusammenfassend lässt sich feststellen, dass der Laserstrahlabtragprozess geeignet ist, um die Bandbreite an PCBN-Sorten mit unterschiedlichem CBN-Gehalt, verschiedenartigen Bindern und üblichen Korngrößen für den Einsatz als Zerspanwerkzeuge zu bearbeiten und mittels der in Kapitel 4 beschriebenen Methode lassen sich geeignete Prozessfenster zum Laserstrahlabtragen der PCBN-Sorten bestimmen. Die PCBN-Sorten unterscheiden sich dabei hinsichtlich der erzielbaren Abtragrate. Bei einem PCBN mit niedrigem CBN-Gehalt sinkt die Abtragrate bei den hier betrachteten und in der Zerspanpraxis gängigen Sorten um bis zu ca. 60%. Gleichermaßen sinken auch die erzielbaren Oberflächenrauheiten um bis zu etwa 40%. Der CBN-Gehalt stellt somit den größten Einflussfaktor auf den Laserprozess dar, der durch die vorliegende Untersuchung quantifiziert werden konnte. Im Unterschied dazu hat der Binder einen geringeren Einfluss auf die Abtragrate im Prozess. Im Hinblick auf die zu erzielende Oberflächenrauheit kann sich jedoch selbst eine Veränderung innerhalb der Gruppe der keramischen Binder deutlich negativ auswirken. Insgesamt lässt sich aus aktuell verfügbaren PCBN-Sorten auf Basis der dargestellten Ergebnisse ein PCBN-Zerspanwerkstoff so auswählen, dass dieser zum einen prioritär für die Anforderungen der Zerspananwendung geeignet ist, zum anderen aber bei mehreren in Frage kommenden Werkstoffen eine Auswahl unter Berücksichtigung der Eignung für den Laserprozess erfolgen kann. Perspektivisch lässt sich darüber hinaus für mögliche industrielle Serienanwendungen des Laserprozesses zur Fertigung von Zerspanwerkzeug ein Bedarf nach lasergerecht gestalteten PCBN-Sorten in der Werkstoffentwicklung ableiten.

5.5.2 Prozessführung für Hartmetall

Bei der Fertigung von gesamten Schneidkanten kommt Hartmetall bei vakuumgelöteten PCBN-Zerspanwerkzeugen als Trägerwerkstoff zum Einsatz [21]. Da dabei Hartmetall anwendungsabhängig ebenfalls mittels Laserstrahlung bearbeitet wird, ist eine Kenntnis des Verhaltens im Prozess des Laserstrahlabtragens von Relevanz. Aus diesem Grund und zur weiterführenden Verifizierung des in Kapitel 4 vorgestellten methodischen Vorgehens wird dieses im Folgenden auf den Werkstoff Hartmetall angewendet, der sich von PCBN deutlich unterscheidet und in der Zerspanung Einsatz findet. Als Werkstoff wird das in der Zerspanung häufig genutzte Hartmetall des ISO-Typs K10-K40 der Hartmetall-Gesellschaft Bingmann GmbH & Co. mit der Typenbezeichnung KXF aus der Gruppe der HF-Hartmetalle verwendet [163]. Es handelt sich dabei um eine Feinstkornsorte mit einem Wolframkarbidanteil von $c = 90$ %, einer durchschnittlichen Korngröße von $d_K = 0,7$ μm und einer Härte von HV30 = 1.610. Die Eigenschaften der Hartmetall-Sorte sind in Tabelle 5.11 zusammengestellt.

Tabelle 5.11: Werkstoffeigenschaften des Hartmetalls K10-K40 [163]

Sorte	Parameter	WC-Anteil	Co-Anteil	Korngröße	Härte Vickers	Biegefestigkeit
Hartmetall KXF K10-K40	Wert	90	10	0,7	1.610	4.100
	Einheit	%	%	μm	HV30	N/mm^2

Das Versuchsvorgehen im vorliegenden Abschnitt erfolgt analog zu dem Vorgehen in Kapitel 5.3. Eine Untersuchung der Fokuslage für den Werkstoff KXF führte zum gleichen Ergebnis wie in Kapitel 5.3.1. Zwar liegt das Optimum aus erzielbarer Abtragrate und Rauheit bei positiver Fokuslage, jedoch reagiert der Prozess hier in gleicher Weise wie in Kapitel 5.3.1 sensibel auf Abweichungen in der Einhaltung der Fokuslage. Somit ist eine Prozessführung bei Fokusnulllage zu bevorzugen, da in diesem Arbeitspunkt die höchste Stabilität des Prozesses bei guter Oberflächenrauheit und Abtragrate vorliegt. Anschließend wurde eine Untersuchung der Puls- sowie Flächenenergieverteilung durchgeführt, um den Abtragprozess des Werkstoffs KXF für die Parameter Laserleistung, Pulsfrequenz, Scangeschwindigkeit und Spurabstand zu charakterisieren (vgl. Kapitel 5.3.2). Auf die Ergebnisse der Untersuchung wird im Folgenden eingegangen. Für den Werkstoff KFX zeigt Abbildung 5.40, dass die höchste Abtragrate bei gleichbleibender Leistung mit einer Pulsfrequenz von $f = 1.000$ kHz erzielt werden kann, was ein analoges Abtragverhalten im Vergleich zu den Ergebnissen in Kapitel 5.3.2 darstellt. Im Unterschied zum Abtragverhalten von PCBN (vgl. Abbildung 5.10) weist der Verlauf der Abtragrate über die Flächenenergiedichte in Abbildung 5.40 für den Werkstoff KXF jedoch ein degressives Verhalten für gleichbleibende Pulsfrequenzen auf. Der Vergleich des Abtragverhaltens der beiden Werkstoffe zeigt ferner, dass die maximal erzielbare Abtragrate für den Werkstoff PCBN-90 mit $Q_A \approx 18$ mm³/min signifikant höher liegt als die des Werkstoffs KXF mit maximal $Q_A \approx 4{,}9$ mm³/min. Aus dem dargestellten Vergleich folgt, dass PCBN durch Laserstrahlabtragen mittels ps-Laser über das gesamte Parameterfeld schneller zu bearbeiten ist als Hartmetall KXF.

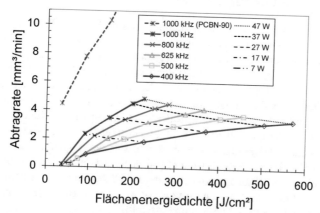

Abbildung 5.40: Abtragrate über Energiedichte für variierte Leistung und Pulsfrequenz; Werkstoff: HM KXF, Laserparameter: $t_P = 10$ ps, $\lambda = 1.064$ nm, $PA = 2$ µm, $SA = 6$ µm

Auch im Hinblick auf die Oberflächenrauheit weicht das Abtragverhalten von Hartmetall KXF und PCBN deutlich voneinander ab (Abbildung 5.41). Im Bereich der Flächenenergiedichte bis ca. $F_A = 150$ J/cm² nimmt die mittlere arithmetische Oberflächenrauheit die höchsten Werte an, die zudem stark streuen. Im Bereich der Flächenenergiedichte oberhalb von ca. $F_A = 150$ J/cm² nähern sich die Rauheiten einem Mittelwert von etwa $S_a \approx 0{,}85$ µm an und die Streuung fällt deutlich geringer aus. Im Vergleich liegt die im Mittelwert erreichbare Oberflächenrauheit beim Hartmetall KXF unterhalb des minimalen Rauheitsniveaus von $S_a = 1{,}52$ µm bei PCBN-90.

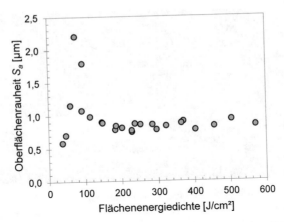

Abbildung 5.41: Oberflächenrauheit über Flächenenergiedichte; Werkstoff: HM KXF, Laser-parameter: $t_P = 10$ ps, $\lambda = 1.064$ nm, $P = 7 - 47$ W, $f = 400 - 1.000$ kHz, $PA = 2$ µm, $SA = 6$ µm

Im Hinblick auf ein Prozessfenster zur Laserendbearbeitung von Hartmetall KXF würde somit eine Einstellung mit hoher Flächenenergiedichte durch hohe Leistung und Puls-frequenz zwar zu einer hohen Abtragrate und geringen Oberflächenrauheit führen, jedoch ist gleichermaßen die potentielle Wärmebeeinflussung zu berücksichtigen. Wie in Abbildung 5.42 dargestellt, sinkt, analog zum Abtragverhalten in Kapitel 5.3.2, bei hohen Fluenzen die Abtrageffizienz. Hierbei wird ein zunehmender Anteil der in den Werkstoff eingebrachten Energie in Wärme umgewandelt und es kommt zu einer Wärmeeinflusszone. In Untersuchungen mittels Rasterelektronenmikroskopie wurden bei Flächenenergiedichten von $F_A > 250$ J/cm² Wärmeeinflüsse in Form von erstarrter Schmelze festgestellt (Abbildung 5.43). Das Auftreten einer Wärmeeinflusszone ist jedoch insbesondere für einen Fertigungsprozess von Zerspanwerkzeugen mit geringen geometrischen Dimensionen sowie hohen Präzisionsanforderungen ein Ausschluss-kriterium.

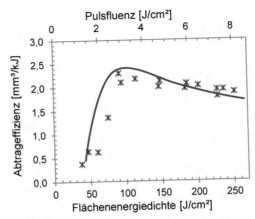

Abbildung 5.42: Abtrageffizienz über Energiedichte; Werkstoff: HM KXF, Laser-parameter: $t_P = 10$ ps, $\lambda = 1.064$ nm, $P = 7 - 47$ W, $f = 400 - 1.000$ kHz, $PA = 2$ µm, $SA = 6$ µm

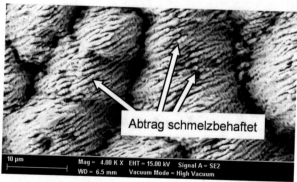

Abbildung 5.43: Wärmeeinfluss beim Abtrag von HM im Bereich $F_A > 250$ J/cm^2 ; Werkstoff: HM KXF, Laserparameter: $t_P = 10$ ps, $\lambda = 1.064$ nm, $P = 37$ W, $f = 800$ kHz, $PA = 2$ µm, $SA = 6$ µm

Tabelle 5.12: Prozesseinstellung zum Laserstrahlabtragen von Hartmetall KXF

Parameter	Puls-dauer	Wellen-länge	Laser-leistung	Puls-frequenz	Scan-geschwindigkeit	Spur-abstand	Fokus-lage
Abkürzung	t_p	λ	P	f	v_s	SA	z
Wert	10	1.064	17	1.000	1.250	6	0
Einheit	ps	nm	W	kHz	mm/s	µm	mm

Ein nutzbares Prozessfenster, das im Bereich von $F_A = 90 - 150$ J/cm^2 liegt, in dem das Auftreten von thermischer Beeinflussung vermieden wird, ist in Tabelle 5.12 exemplarisch aufgeführt. Dieser Bereich der Flächenenergiedichte fällt jedoch mit einem unregelmäßigen Abtragverhalten, einhergehend mit einer Streuung der Rauheit zusammen (vgl. Abbildung 5.41). Aus diesem Grund wird im folgenden Abschnitt eine weitergehende Untersuchung zur Entstehung von Oberflächenrauheit beim Laserstrahlabtragen durchgeführt und auf einen möglichen Ansatz zur Reduzierung dieser eingegangen.

5.5.3 Verbesserung des erzielbaren Rauheitsniveaus durch Einsatz des Schraffurwinkels

Für Schneidkanten und Spanleitstufen an Zerspanwerkzeugen aus harten und hochharten Werkstoffen bestehen hohe Anforderungen an die Oberflächenqualität (vgl. Kapitel 2.1). Die Untersuchungen in Kapitel 5.3, 5.5.1 und 5.5.2 haben gezeigt, dass durch Laserbearbeitung mittels ps-Laser Oberflächenrauheiten an Werkstoffen wie PCBN oder Hartmetall Werte von $S_a \approx 0{,}8\text{-}2{,}9$ µm erreicht werden können. Im Vergleich dazu lassen sich mittels konventioneller Fertigungsprozesse wie beispielsweise Schleifen mittlere arithmetische Oberflächenrauheiten von $S_a = 0{,}4 - 1{,}6$ µm erzielen [59, 60]. Nichtsdestotrotz kann die Laserbearbeitung von Vorteil sein, wenn z.B. gezielt angepasste und lokal unterschiedliche Oberflächenrauheiten gefordert sind [91]. Darüber hinaus ist es erforderlich die aus dem Laserprozess rührende Oberflächenrauheit weiter zu reduzieren (vgl. Kapitel 5.5.2). Außer durch die Laserparameter, deren Einfluss in Kapitel 5.3.2, 5.5.1 und 5.5.2 beschrieben ist, wird die Oberflächenrauheit von der Belichtungsstrategie beeinflusst. In diesem Zusammenhang spielt der Schraffurwinkel, der den Winkel zwischen Laservektoren aufeinander folgender Schichten beschreibt (vgl. Kapitel 2.2), eine wichtige Rolle. Der Schraffurwinkel ist z.B. bei der laserbasierten Fertigung von Spanleitstufen immanent, deren Oberflächenqualität sich auf die Eigenschaften der Werkzeuge in der Zerspananwendung auswirkt. Im vorliegenden Abschnitt wird daher untersucht, welchen quantitativen Einfluss der Winkelversatz in der flächigen Belichtungsstrategie auf die resultierende Oberflächenrauheit hat. Da nach dem Stand der Technik der Schraffurwinkel zudem bisher kaum erforscht ist (vgl. Kapitel 2.2), wird darüber hinaus untersucht welche Entstehungsmechanismen zur Ausbildung von Oberflächenrauheit aufgrund der Belichtungsstrategie beim Laserstrahlabtragen von harten und hochharten Werkstoffen mittels ps-Laser identifiziert werden können. Weiterhin wird die abschließende Frage beantwortet, welche Parametereinstellungen bezüglich des Schraffurwinkels vorzugsweise zu wählen sind, um im Laserprozess Oberflächen hoher Qualität, d.h. mit möglichst geringer Oberflächenrauheit zu erzielen.

Die Untersuchungen werden am Hartmetall Typ KXF (K10-K40) mit einem Wolframkarbidanteil von 90 % und einem Binder auf Kobaltbasis durchgeführt. Der genannte Werkstoff wird für die vorliegende Untersuchung gezielt verwendet, da Hartmetall einen problematischen Werkstoff beim Laserstrahlabtragen darstellt (vgl. Kapitel 5.5.2). Das angestrebte Prozessfenster für Hartmetall liegt bei geringen Flächenenergiedichten im Bereich von $F_A = 90 - 150 \text{ J/cm}^2$, da hier eine hohe Abtrageffizienz erzielt wird (vgl. Abbildung 5.42). Entstehende Rauheiten sind jedoch insbesondere für geringe Flächenenergiedichten stark ausgeprägt, sodass hier zum einen Verbesserungen anzustreben sind und zum anderen Entstehungsphänomene gut beobachtet werden können. Die mittlere Korngröße des Hartmetalls beträgt 0,7 µm, die Dichte 14,4 g/cm^3 und die Vickershärte $HV30 = 1.610$. Als Eingangsgröße für den Laserstrahlabtragprozess beträgt die Oberflächenrauheit der Ausgangsoberfläche $S_{a,orig} = 0,42$ µm, hergestellt durch Schleifen. Auf Grundlage der in Kapitel 5.5.2 durchgeführten Untersuchung der Laserparameter entsprechend des methodischen Vorgehens aus Kapitel 4, werden die in Tabelle 5.13 aufgeführten Rahmenbedingungen für den vorliegenden Abschnitt festgelegt und konstant gehalten. Auf Basis dieser Parameter ergibt sich für jede Schicht ein konstanter Abstand aufeinander folgender Laserpulse ($PA = 1,25$ µm) sowie paralleler Laserspuren ($SA = 6$ µm). Die im Versuch ausgewerteten Größen wie Abtragtiefe h_A, Spurbreite d_w und Größe von Schnittflächen A_{IA} wurden entsprechend Kapitel 4.5 mittels Konfokalmikroskopie vermessen. Die Quantifizierung der Oberflächenrauheit erfolgt in Übereinstimmung mit DIN EN ISO 25178 (vgl. Kapitel 4.5) und wurde jeweils sechsmal bestimmt, um eine Reproduzierbarkeit zu gewährleisten, wobei im weiteren Verlauf jeweils der Mittelwert dargestellt ist. Aufgrund der beobachteten Analogie in den Ergebnissen in Bezug auf die Kenngrößen mittlere arithmetische Oberflächenrauheit S_a und maximale Oberflächenrauheit S_z werden die Auswertungen im Folgenden stets bezogen auf S_a aufgeführt. Weiterhin wurde in der vorliegenden Untersuchung für alle Versuche eine bidirektionale Belichtungsstrategie verwendet, wobei innerhalb einer Schicht aufeinander folgende Laservektoren einander entgegenläufig orientiert sind. Aus Gründen geometrischer Symmetrie besteht ein analoges Verhalten zwischen Schraffurwinkeln im Bereich $\varphi = 0° - 180°$ und $\varphi = 180° - 360°$, sodass in der weiteren Analyse nur Winkel von $\varphi = 0° - 180°$ dargestellt sind.

Tabelle 5.13: Feste Parameter im Rahmen der Untersuchung des Schraffurwinkels

Parameter	Pulsdauer	Wellen-länge	Laser-leistung	Puls-frequenz	Scan-geschwindigkeit	Spur-abstand	Wirkdurchmesser / Spurbreite
Abkürzung	t_p	λ	P	f	v_s	SA	d_w
Wert	10	1.064	17	1.000	1.250	6	34
Einheit	ps	nm	W	kHz	mm/s	µm	µm

Zur Untersuchung von Entstehungsmechanismen, die zur Ausbildung von Oberflächen-rauheit beim schichtweisen, flächigen Laserstrahlabtragen mit Schraffurwinkel führen, wurde ein systematischer Untersuchungsablauf aufgestellt (Abbildung 5.44). Hierbei wird der Abtragprozess in seine Grundelemente zerlegt. Dies umfasst nach initialer Untersuchung eines flächigen Abtrags, die Zerlegung in Schnittzonen zwischen zwei Laservektoren sowie Schnittzonen zwischen multiplen Laservektoren (Abbildung 5.44). Weiterhin wird in diesem Zusammenhang die Zyklusdurchlaufzahl n_{cyc} eingeführt und untersucht. Diese beschreibt, in Abhängigkeit des Schraffurwinkels, nach wie vielen Schichten die belichteten Laserbahnen identisch orientiert sind wie die der ersten Schicht. Die identifizierten Zusammenhänge werden anschließend in einem flächigen Abtrag zusammengeführt und Entwicklungsstufen der Ausbildung von Oberflächen-rauheit werden untersucht. Abschließend werden Richtlinien abgeleitet, auf Basis derer Prozesseinstellungen zu wählen sind, um im Laserstrahlabtragprozess Oberflächen hoher Güte zu erzielen.

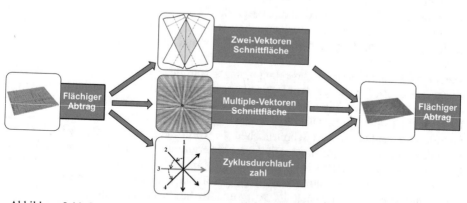

Abbildung 5.44: Systematisches Vorgehen zur Untersuchung der Entstehungsmechanismen von Oberflächenrauheit

Flächiger Abtrag und Oberflächenrauheit in Abhängigkeit des Schraffurwinkels

Um ein Verständnis bezüglich des Zusammenhangs zwischen Schraffurwinkel und der Oberflächenrauheit zu erlangen und potentielle Tendenzen identifizieren zu können, wurden zu jedem ganzzahligen Winkel von $\varphi = 0° - 180°$ Ablationsversuche durchge-führt, wobei die Anzahl an abgetragenen Schichten je Schraffurwinkel $n_s = 360$ betrug. Die resultierenden Oberflächenrauheiten in Abhängigkeit des Schraffurwinkels. Sind in Abbildung 5.45 dargestellt Die Rauheit der geschliffenen Ausgangsoberfläche beträgt

$S_{a,orig}$ = 0,42 µm. Alle anderen Rauheitswerte wurden mit identischen Laserparametern erzeugt (vgl. Tabelle 5.13). Die durchschnittlich erziele Oberflächenrauheit in Höhe von $S_{a,aver}$ = 0,89 µm befindet sich durch die im Vorwege durchgeführte Bestimmung der Laserprozessparameter bereits auf einem vergleichsweise niedrigen Wert in Relation zum üblichen Rauheitsniveau bei Abtragprozessen [88, 91, 95, 111].

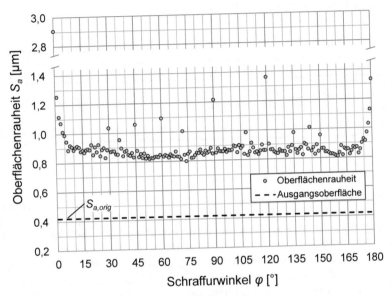

Abbildung 5.45: Oberflächenrauheit in Abhängigkeit des Schraffurwinkels;
Werkstoff: HM KXF, Laserparameter: t_P = 10 ps, λ = 1.064 nm, P = 17 W, f = 1.000 kHz,
v_s = 1,25 m/s, SA = 6 µm, n_s = 360

In Abweichung zur durchschnittlichen Oberflächenrauheit aller Abtragversuche von $S_{a,aver}$ = 0,89 µm treten bei einzelnen Schraffurwinkeln exponierte, im Vergleich zu benachbarten Winkeln, erhöhte Rauheitswerte auf. Eine signifikant erhöhte Rauheit ist bei Winkeleinstellungen von φ = 30°, 45°, 90°, 120° zu beobachten (Abbildung 5.45). Zudem weisen Schraffurwinkel im Bereich φ = 0° − 5°, ausgehend von erhöhten Rauheitswerten, einen abnehmenden Trend auf, während es im Umkehrschluss bei Einstellwerten von φ = 175° − 180° zu zunehmenden Oberflächenrauheiten kommt.

Im Hinblick auf eine Klärung der Ursachen für das Auftreten erhöhter Rauheiten ist bei der Analyse der sich in Abbildung 5.45 darstellenden Charakteristik bereits a priori festzustellen, dass mehrere Schraffurwinkel, die zu hoher Oberflächenrauheit führen, ganzzahlige Teiler von 360° darstellen (siehe Tabelle 5.14). Nichtsdestotrotz weisen auch andere Winkeleinstellungen, für die dieser Zusammenhang nicht zutrifft, hohe Oberflächenrauheiten auf. Weiterhin können in Tabelle 5.14 zwei Bereiche bzgl. der ganzzahligen Teiler unterschieden werden. Solche mit einem Nenner $\geq$ 12 und solche mit einem Nenner < 12. Dies weist bereits darauf hin, dass mehr als ein Mechanismus zur Entstehung von Rauheit beitragen könnte. Eine potentielle Wärmeeinflussung als Erklärung für das Auftreten erhöhter Rauheiten kann dabei jedoch ausgeschlossen werden. Durch Einhaltung des in Kapitel 5.5.2 identifizierten Prozessfensters wird eine

Wärmeakkumulation durch Puls-zu-Puls-Wechselwirkung im Abtragprozess vermieden. Zusätzlich dazu wurde für die aufgeführten Schraffurwinkeleinstellungen das Ausbleiben relevanter Schmelzphasen sowie Wärmeeinflusszonen mittels Rasterelektronenmikroskopie abgesichert. Zur systematischen Klärung der Ursachen des Auftretens erhöhter Rauheiten in Abhängigkeit des Schraffurwinkels werden daher im Folgenden Untersuchungen zur Schnittfläche zwischen zwei bzw. multiplen Laservektoren sowie Untersuchungen zur Zyklusdurchlaufzahl herangezogen.

Tabelle 5.14: Untersuchte Schraffurwinkel für Zwei-Vektoren Schnittflächen

Schraffurwinkel φ [°]	1	2	3	4	30	39	45	60	72	90	120	125	179
Zugehöriger ganzzahliger Teiler von 360° (sofern existent)	$\frac{360}{360}$	$\frac{360}{180}$	$\frac{360}{120}$	$\frac{360}{90}$	$\frac{360}{12}$	-	$\frac{360}{8}$	$\frac{360}{6}$	$\frac{360}{5}$	$\frac{360}{4}$	$\frac{360}{3}$	-	-
Oberflächenrauheit S_a [µm]	1,25	1,11	1,07	1,01	1,04	0,87	1,06	1,09	1,00	1,21	1,36	0,84	1,13

Zwei-Vektoren Schnittfläche

Auf Flächen, die mit einem Schraffurwinkel von $\varphi \in\,]\,0°,\,180°[$ belichtet werden, treten Überschneidungen zwischen Laservektoren zweier aufeinander folgender Schichten auf. Die mathematische Menge schließt die Werte $\varphi = 0°$ und $\varphi = 180°$ aus, da hier keine Schnittbereiche auftreten. Bei mikroskopischer Betrachtungsweise sind die Schnittbereiche zwischen Laservektoren nicht punktförmig, sondern beinhalten aufgrund der Spurbreite d_w eine nicht zu vernachlässigende Fläche. Die Schnittfläche A_{IA} ist als die überlappende Fläche zweier Laservektoren aus unterschiedlichen Schichten definiert (Abbildung 5.46). A_{IA} kann mittels der Schnittflächendiagonale d_{IA} berechnet werden, die wiederum eine Funktion von Spurbreite d_w und Schraffurwinkel φ ist (Gleichung 5.13).

$$d_{IA} = \frac{d_w}{\sin(\frac{\varphi}{2})} \quad \forall\, \varphi \in]0,90]\,, \quad d_{IA} = \frac{d_w}{\cos(\frac{\varphi}{2})} \quad \forall\, \varphi \in]0,180] \tag{5.13}$$

Im Folgenden werden daher Zwei-Vektoren Schnittflächen betrachtet, um zu bestimmen, welchen Einfluss die Form der Schnittflächen zwischen Laservektoren auf die Entstehung von Rauheit hat. Hierzu werden im Versuch einzelne Laserspuren mit Orientierung $\varphi = 0°$ abgetragen, die anschließend jeweils von einer weiteren Laserabtragspur unter den in Tabelle 5.14 angegebenen Winkeln geschnitten wird. Die Spurbreite ist für alle Versuche mit $d_w = 34$ µm konstant. Die Auswahl an untersuchten Schnittwinkeln beruht auf den Ergebnissen der oben angeführten Untersuchung der Oberflächenrauheit über die Gesamtspannbreite möglicher Schraffurwinkel (Abbildung 5.45). Die Winkel, bei denen eine hohe Rauheit aufgetreten ist ($\varphi = 1°, 2°, 3°, 4°, 30°, 45°, 60°, 72°, 90°, 120°, 177°,$ $179°$), werden untersucht, ergänzt um Winkel, die eine geringe Rauheit aufweisen ($\varphi = 10°, 39°, 125°, 170°$). Im Anschluss an die Durchführung der Versuche wurde für alle Winkel aus Tabelle 5.14 die Schnittflächendiagonale d_{IA} sowie die Abtragtiefe im Schnittbereich vermessen. Darüber hinaus wurde die Abtragtiefe der einzelnen Laserbahnen ausgewertet, die sich als konstant erwies ($\Delta z_{single} \approx 18$ µm). Die Abtragtiefe im Schnittbereich ist durchschnittlich $1,8 - 2,0$ mal größer ($\Delta z_{intersect} \approx 34$ µm) als die Abtragtiefe der Einzelbahnen. Nichtsdestotrotz zeigt sich die Tiefe der Schnittbereiche unabhängig vom Schraffurwinkel.

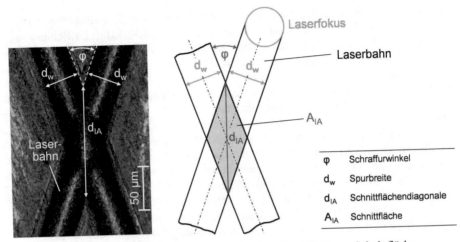

Abbildung 5.46: Charakteristische Größen einer Zwei-Vektoren Schnittfläche
Mikroskopaufnahme (links), schematische Darstellung (rechts)

In Bezug auf die Schnittflächendiagonale in Abhängigkeit des Schraffurwinkels ist in Abbildung 5.47 eine Modellfunktion auf Basis von Gleichung 5.13 dargestellt. Die Größe der Schnittflächendiagonale nimmt für Winkel zwischen $\varphi = 1° - 5°$ zunächst stark ab, verbleibt für zunehmende Schraffurwinkel auf einem Niveau von $d_{IA} < 200\mu m$ und steigt dann für Schraffurwinkel $\varphi = 175° - 179°$ wieder steil an. Hierbei zeigt sich eine enge Korrelation zwischen den berechneten Werten und den Messergebnissen der Diagonale aus dem Versuch, wobei die Streubreite für Werte von $d_{IA} < 200\mu m$ kleiner als 10 µm ausfällt.

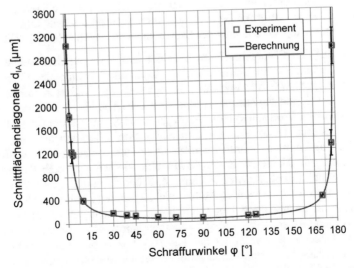

Abbildung 5.47: Schnittflächendiagonale in Abhängigkeit des Schraffurwinkels; Werkstoff: HM KXF, Laserparameter: $t_P = 10$ ps, $\lambda = 1.064$ nm, $P = 17$ W, $f = 1.000$ kHz, $v_s = 1{,}25$ m/s, $n_s = 1$

Auf Basis des korrelierenden Verhaltens von Schraffurwinkeln zwischen $\varphi = 1° - 5°$ sowie $\varphi = 175° - 179°$ in Abbildung 5.45 und Abbildung 5.47 kann der Schluss abgeleitet werden, dass die Länge der Schnittflächendiagonale und somit die Größe der Schnittfläche einen signifikanten Einfluss auf die Entstehung der Oberflächenrauheit hat. Die Skalierung dieses mikroskopischen Zusammenhangs auf einen realen flächigen Abtrag bedeutet, dass dabei eine große Anzahl von Schnittflächen auftritt, die jeweils eine $1,8 - 2,0$ -fach größere Abtragtiefe aufweisen als einzelne, nicht geschnittene Laserbahnen. Diese Unregelmäßigkeiten entstehen von Schicht zu Schicht über die gesamte Abtragfläche und addieren sich somit zu einer erhöhten Oberflächenrauheit auf. Aus diesem Grund stellt die Schnittflächendiagonale die charakteristische Größe dar, mittels derer sich eine erhöhte Oberflächenrauheit bei Schraffurwinkeln von $\varphi = 1° - 5°$ und $\varphi = 175° - 179°$ in Abbildung 5.45 erklären lässt. Nichtsdestotrotz lässt sich durch diesen Mechanismus keine Erhöhung der Oberflächenrauheiten bei Schraffurwinkeln von $\varphi = 6° - 174°$ erklären, da die erhöhten Werte in diesem Winkelbereich weder durch die Modellkurve, noch durch die Versuche in Abbildung 5.47 abgebildet werden.

Mehrfach-Schnittflächen

Beim flächigen Abtrag treten nicht nur Schnitte zwischen zwei Laservektoren auf. Vielmehr steigt die Wahrscheinlichkeit, dass beim Abtrag einer Vielzahl von Schichten bereits bestehende Schnittflächen zweier Laserbahnen noch weitere Male belichtet werden. Daher wird im Folgenden die Beziehung zwischen der Anzahl an sich mehrfach schneidenden Laserbahnen und der Ausprägung der entstehenden Schnittfläche identifiziert. Zu diesem Zweck wurden Laserbahnen abgetragen, die sich in einem Punkt schneiden und entlang des Kreisumfangs verteilt sind (Abbildung 5.48). Die folgende Anzahl an sich schneidenden Laserbahnen wurde jeweils untersucht: n = 2, 3, 4, 5, 8, 16, 32, 64 und 128 und die Abtragtiefe in der Schnittfläche vermessen. In (Abbildung 5.48) ist der resultierende, näherungsweise lineare Zusammenhang zwischen der Anzahl an sich schneidenden Bahnen und der Tiefe der Schnittfläche in logarithmischer Skalierung dargestellt. Die Linearität trifft im betrachteten Bereich zu, während für größere Tiefen von einer Degression des Abtrags aufgrund von Abschirmungseffekten sowie einem prinzipbedingten, begrenzten Aspektverhältnis der Laserbahnen auszugehen ist [21, 71].

Im Rückschluss auf den flächigen Abtrag bedeutet dies, dass die dargestellte Tiefenzunahme bei Mehrfach-Schnittflächen zu einer weiteren Zunahme der Oberflächenrauheit in makroskopischer Skalierung führt. Jedoch stellt das Auftreten von Mehrfach-Schnittbereichen dabei eine statistische Komponente dar (Abbildung 5.49) und ist in der Praxis abhängig von der Werkstück- bzw. Abtraggeometrie. Aus diesem Grund lässt sich der identifizierte Mechanismus, der zur Entstehung von Oberflächenrauheit beiträgt, nicht unmittelbar bestimmten Schraffurwinkeln zuordnen. Nichtsdestotrotz steigt die Wahrscheinlichkeit mit kleineren Schraffurwinkeln, kleineren Spurabständen sowie einer größeren Anzahl an belichteten Schichten, dass bereits vorhandene Schnittflächen zweier Vektoren noch mehrere weitere Male belichtet werden (Abbildung 5.49). Hinzu kommt, dass eine Überschneidung von Laserbahnen in einem mathematisch präzisen Punkt nicht notwendig ist. In Bezug auf den Laserabtragprozess reicht bereits eine näherungsweise Überschneidung aus, wobei der Laserfokus eine bestehende Schnittfläche partiell belichtet, sodass die bereits vorhandene Vertiefung weiter ausgeformt wird. Dieser Effekt kommt insbesondere auf nicht ideal glatten Oberflächen zum Tragen, wobei es an kleinen aber tiefen Kavitäten zur einer Selbstfokussierung bedingt durch Reflexion aufgrund mikroskopisch nicht senkrechter Einstrahlwinkel kommt [96, 116].

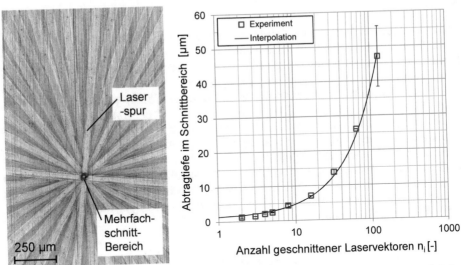

Abbildung 5.48: Mikroskopaufnahme eines Mehrfach-Schnittbereichs (links) und Abtragtiefe im Schnittbereich in Abhängigkeit der Anzahl geschnittener Laservektoren (rechts); Werkstoff: HM KXF, Laserparameter: $t_P = 10$ ps, $\lambda = 1.064$ nm, $P = 17$ W, $f = 1.000$ kHz, $v_s = 1{,}25$ m/s

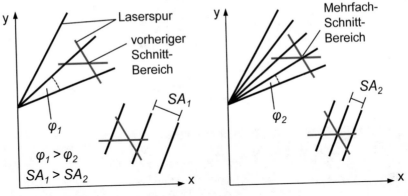

Abbildung 5.49: Auftreten von Mehrfach-Schnittbereichen in Abhängigkeit des Schraffurwinkels und des Spurabstands

Zusammenfassend kann das Auftreten von Mehrfach-Schnittflächen eine Erklärung für die Streuung der Werte der Oberflächenrauheit in Abbildung 5.45 bei verschiedenen Schraffurwinkeln liefern, die demselben Mechanismus der Rauheitsentstehung wie bei Zwei-Vektoren Schnittflächen zuzuordnen sind (Abbildung 5.54). Zur Erklärung hingegen des Auftretens von signifikant erhöhten Werten der Oberflächenrauheit für Schraffurwinkel im mittleren Winkelbereich zwischen $\varphi = 6° - 174°$, d.h. wie z.B. bei $\varphi = 30°$, 45°, 90°, 120° etc., wird im Folgenden eine Untersuchung der Zyklusdurchlaufzahl durchgeführt.

Zyklusdurchlaufzahl

Die Zyklusdurchlaufzahl n_{cyc} beschreibt in Abhängigkeit des Schraffurwinkels, nach wie vielen Schichten die belichteten Laserbahnen identisch orientiert sind wie die der ersten Schicht, d.h. nach wie vielen Schichten ein Zyklus durchlaufen ist. Bezugnehmend auf die eingangs beschriebene Ausnutzung der Symmetrie kann die Bewegungsrichtung des Laserfokus innerhalb der abgetragenen Bahn (Abbildung 5.50) vernachlässigt werden. Folglich sind die Schraffurwinkel von $\varphi = 0°$ und $\varphi = 180°$ der Zyklusdurchlaufzahl von $n_{cyc} = 1$ zuzuordnen, während z.B. $\varphi = 90°$ mit $n_{cyc} = 2$ zu assoziieren ist und $\varphi = 60°$ sowie $\varphi = 120°$ nach $n_{cyc} = 3$ dieselbe Orientierung durchlaufen. Nachdem ein Zyklus beendet ist, wird bei weiterer Belichtung die Spur des ersten Laservektors erneut vertieft, wodurch ein regelmäßiges, periodisches Rauheitsprofil (Abbildung 5.51) ausgeprägt wird. In diesem Zusammenhang stellt die Überfahrtenzahl n_{pas} eine Größe dar, die angibt welche Anzahl an Belichtungen innerhalb einer identischen Spur durchlaufen wird bis 360 Schichten erreicht sind.

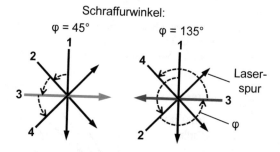

Abbildung 5.50: Schematische Darstellung der Bewegungsrichtung des Laserfokus innerhalb der abgetragenen Spur

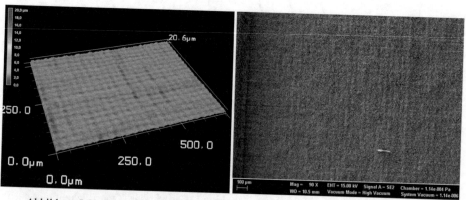

Abbildung 5.51: Regelmäßiges periodisches Oberflächenprofil als 3D-Topographie und REM-Aufnahme; Werkstoff: HM KXF, Laserparameter: $t_P = 10$ ps, $\lambda = 1.064$ nm, $P = 17$ W, $f = 1.000$ kHz, $v_s = 1{,}25$ m/s, $SA = 6$ µm, $n_s = 360$, $\varphi = 90°$

Die Zyklusdurchlaufzahl sowie Überfahrtenzahl lassen sich durch folgende Zusammenhänge unter Einbeziehung des kleinsten gemeinsamen Vielfaches (KGV) beschreiben:

$$n_{cyc} = \frac{KGV(180°, \varphi)}{\varphi} \quad \varphi \neq 0, \quad n_{pas} = \frac{360°}{n_{cyc}} \quad (5.14)$$

In Abbildung 5.52 sind für alle Schraffurwinkel zwischen $\varphi = 0°$ und $\varphi = 180°$ die berechnete Zyklusdurchlaufzahl sowie die Überfahrtenzahl in jeweils identischer Laserbahn bei 360 Schichten dargestellt. Schraffurwinkel, die zu einer erhöhten Oberflächenrauheit entsprechend Abbildung 5.45 führen, sind rot markiert (Abbildung 5.52). Aus der Korrelation zwischen dem Auftreten erhöhter Werte der Oberflächenrauheit und einer niedrigen Zyklusdurchlaufzahl lässt sich schlussfolgern, dass eine hohe Anzahl an Überfahrten in jeweils identischen Laserbahnen zu hoher Oberflächenrauheit führt. Somit lassen sich die erhöhten Oberflächenrauheiten bei Schraffurwinkeln von $\varphi = 6° - 174°$ dem Entstehungsmechanismus der Zyklusdurchlaufzahl zuordnen.

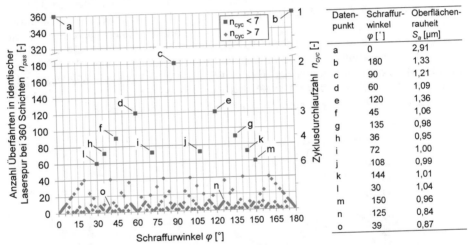

Abbildung 5.52: Zyklusdurchlaufzahl und Überfahrtenzahl in Abhängigkeit des Schraffurwinkels; Werkstoff: HM KXF, Laserparameter: $t_P = 10$ ps, $\lambda = 1.064$ nm, $P = 17$ W, $f = 1.000$ kHz, $v_s = 1,25$ m/s, $SA = 6$ μm, $n_s = 360$

Stadien der Formierung von Oberflächenrauheit

Nachdem nun Kenntnisse zum Einfluss von Zwei- bzw. Multiple-Vektoren Schnittflächen und zum Einfluss der Zyklusdurchlaufzahl auf die Ausbildung von Oberflächenrauheit vorliegen, werden die Ergebnisse nachfolgend im flächigen Abtrag zusammengeführt und hierzu exemplarisch die Schraffurwinkel von $\varphi = 3°, 42°, 90°$ betrachtet. Diese Winkel stellen jeweils einen stellvertretenden Wert dar, welcher den identifizierten Mechanismus der Formierung von Oberflächenrauheit zuzuordnen ist. Zur Untersuchung der Stadien der Entstehung von Oberflächenrauheit werden jeweils $n_s = 5, 15, 25, 60, 120, 180, 240, 300, 360$ Schichten abgetragen und die Oberflächenrauheit S_a in jedem Stadium vermessen. Durch die Auswahl der Schraffurwinkel in Kombination mit der und Anzahl an Schichten wird sichergestellt, dass jeweils mehr als ein kompletter Zyklus durchlaufen wird ($n_{cyc,\ 3°} = 60$, $n_{cyc,\ 42°} = 30$, $n_{cyc,\ 90°} = 2$) und die Rauheitswerte somit ihr maximales Niveau erreichen. In Übereinstimmung zu den vorigen Untersuchungen wird der Abtragvorgang auf einer Ausgangsoberfläche mit einer Rauheit von $S_a = 0,42$ µm begonnen. Wie in Abbildung 5.53 dargestellt, ist zu beobachten, dass die Oberflächen- rauheit von Schicht zu Schicht ansteigt, bis sie ihr maximales Niveau in Abhängigkeit des jeweiligen Schraffurwinkels erreicht. Für alle Winkel steigt die Rauheit zunächst schnell an und nähert sich im weiteren Verlauf degressiv an den Maximalwert an. Beim einem Schraffurwinkel von $\varphi = 90°$ steigt die Rauheit innerhalb der ersten 15 Schichten aufgrund der Ausbildung einer regelmäßigen, periodischen Oberflächenstruktur stark an. Der Mechanismus der Entstehung von Oberflächenrauheit auf Basis der Zyklusdurch- laufzahl ist dominant (vgl. Abbildung 5.52). Im Unterschied dazu bleibt die Ausbildung eines regelmäßigen, periodischen Profils bei einem Schraffurwinkel von $\varphi = 3°$ aus. Die Entstehung von Oberflächenrauheit basiert auf dem Mechanismus der Schnittfläche von Laserbahnen, weshalb die Rauheit zunächst langsam zunimmt und nach $n_s = 30$ Schichten einen stärkeren Anstieg aufweist, sobald sich eine größere Anzahl an Schnitt- flächen ausgebildet hat. Bei einem Schraffurwinkel von $\varphi = 42°$ wird eine finale Ober- flächenrauheit von $S_a = 0,84$ µm erreicht, die unterhalb der Rauheiten für Schraffur- winkel von $\varphi = 3°$ und $\varphi = 90°$ liegt. Im Falle des Schraffurwinkels von $\varphi = 42°$ beein- flusst der Mechanismus der Schnittfläche von Laserbahnen zwar ebenfalls die resultie- rende Oberflächenrauheit, dennoch führt der Einfluss nicht zu einer Überhöhung der Rauheit, da die Schnittflächen bei diesem Winkel klein sind (vgl. Abbildung 5.47). Zudem wird bei diesem Winkel durch die Zyklusdurchlaufzahl von $n_{cyc,\ 42°} = 30$ das Auftreten eines regelmäßigen, periodischen Oberflächenprofils vermieden.

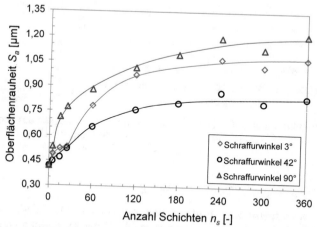

Abbildung 5.53: Entwicklungsstadien der Oberflächenrauheit; Werkstoff: HM KXF, Laserparameter: $t_P = 10$ ps, $\lambda = 1.064$ nm, $P = 17$ W, $f = 1.000$ kHz, $v_s = 1,25$ m/s, $SA = 6$ µm

Ableitung von Richtlinien

Im Rahmen des vorliegenden Abschnitts wurde der Einfluss des Schraffurwinkels als Bestandteil der Belichtungsstrategie bei einem flächigen, schichtweisen Laserstrahl- abtrag am Beispiel von Hartmetall untersucht. Zwei Mechanismen der Entstehung von Oberflächenrauheit wurden identifiziert, die beide zu einer Ausbildung signifikant hoher

Oberflächenrauheit beitragen. Während die Schnittflächendiagonale d_{IA} und die zugehörige Schnittfläche A_{IA} als charakteristischer Parameter zur Erklärung von erhöhten Oberflächenrauheiten bei Schraffurwinkeln von $\varphi = 1° - 5°$ und $\varphi = 175° - 179°$ herangezogen werden können, wird das Auftreten einer erhöhten Rauheit für Winkel zwischen $\varphi = 6° - 174°$ sowie für $\varphi = 0°$ und $\varphi = 180°$ maßgebend von der Zyklusdurchlaufzahl beeinflusst (Abbildung 5.54). Auch das Auftreten von Mehrfach-Schnittflächen trägt zur Ausbildung von Rauheit bei, stellt jedoch keinen Mechanismus dar, der sich unmittelbar zu konkreten Schraffurwinkeln zuordnen lässt.

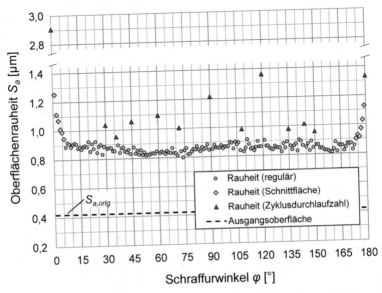

Abbildung 5.54: Zuordnung der Mechanismus der Rauheitsentstehung zu Schraffurwinkeln; Werkstoff: HM KXF, Laserparameter: $t_P = 10$ ps, $\lambda = 1.064$ nm, $P = 17$ W, $f = 1.000$ kHz, $v_s = 1,25$ m/s, $SA = 6$ µm, $n_s = 360$

Zusammenfassend werden als Schlussfolgerung die folgenden Richtlinien abgeleitet, die für die Einstellung eines Laserstrahlabtragprozesses hoher Qualität hinsichtlich einer hohen Oberflächengüte berücksichtigt werden sollten:

- Es sind Schraffurwinkel größer $\varphi = 5°$, jedoch kleiner $\varphi = 175°$ zu wählen, um eine kleine Schnittfläche zwischen Laservektoren einzuhalten. Idealerweise sollte der Parameter der Schnittflächendiagonale im Bereich $d_{IA} < 200$µm liegen, vergleichbare Laserparameter, insbesondere einen vergleichbar großen Fokusdurchmesser, vorausgesetzt.

- Gleichzeitig sind Schraffurwinkel mit großer Zyklusdurchlaufzahl, idealerweise $n_{cyc} > 7$ zu wählen.

- Einstellungen der Schraffurwinkel sind so zu wählen, dass Mehrfach-Schnittflächen vermieden werden. Dies lässt sich durch große Schraffurwinkel sowie einen großen Spurabstand SA erreichen, wobei die Konformität mit der vorangegangenen Parameteridentifizierung (vgl. Kapitel 5.3) zu beachten ist.

- Durch die Einstellung von beispielsweisen Schraffurwinkeln wie $\varphi = 39°$, $42°$ oder $125°$ kann eine Erhöhung der Oberflächenrauheit vermieden werden.

Durch Einhaltung der beschriebenen Richtlinien kann im vorliegenden exemplarischen Ablationsprozess die gemessene Oberflächenrauheit von einem Worst-Case-Wert von $S_a = 2,9$ µm bei einem Schraffurwinkel von $\varphi = 0°$ lediglich durch Anpassung auf $\varphi = 42°$ auf eine Rauheit von $S_a = 0,84$ µm reduziert werden, wodurch das Prozessergebnis signifikant verbessert wird. Auch andere Schraffurwinkel erfüllen die Randbedingungen und eine Oberflächenrauheit von ebenfalls $S_a = 0,84$ µm kann z.B. durch einem Schraffurwinkel von $\varphi = 77°$ erreicht werden. Somit kann mittels des beschriebenen Ansatzes, d.h. durch einfache Anpassung eines Parameters die Oberflächenrauheit um Faktor $2,0 - 3,5$ reduziert werden, ohne dass es zu einem Mehreinsatz an Zeit und Kosten im Prozess kommt. Aus diesem Grund stellt die Anwendung des Schraffurwinkels eine geeignete Maßnahme zur Gestaltung von Laserstrahlabtragprozessen dar. Zudem kann davon ausgegangen werden, dass die untersuchten Mechanismen gleichfalls auf weitere Laserstrahlabtragprozesse mit anderen Werkstoffen und Strahlquellen übertragen werden können, da es sich bei den identifizierten Mechanismen der Formation von Oberflächenrauheit um Effekte handelt, die durch das geometrische Belichtungsmuster beim Laserstrahlabtrag bestimmt werden.

Zusammenfassend konnte in Kapitel 5.5 die Übertragbarkeit des methodischen Vorgehens zur Prozessentwicklung auf verschiedene Problemstellungen beim Laserstrahlabtragen erfolgreich erprobt werden. In diesem Rahmen wurden die vorgesehenen Möglichkeiten der flexiblen Gestaltung im Ablauf des methodischen Vorgehens genutzt, um einen Prozess für Bearbeitungsaufgabenstellungen mit einer Bandbreite an verschiedenen PCBN-Sorten sowie für eine Hartmetall-Sorte als anderen Werkstofftyp zu entwickeln. Darüber hinaus wurde auf denjenigen Entwicklungsschritt im methodischen Vorgehen im Detail eingegangen, in dem die Parameter der Belichtungsstrategie festgelegt werden und auf diese Weise beim Laserstrahlabtragen von hartem Werkstoff in axialer Strahlrichtung z.B. für die Fertigung von Spanleitstufen eine Steigerung der Oberflächengüte erzielt.

6 Erstellung und Einsatz laserbearbeiteter Zerspanwerkzeuge

Im vorangegangenen Kapitel 5 wurde die Prozessentwicklung zum Laserstrahlabtragen von verschiedenen PCBN-Werkstoffen für Zerspanwerkzeuge abgeschlossen. Anknüpfend daran wird diese im vorliegenden Abschnitt anhand des Einsatzes eines Referenzwerkzeugs in der Zerspanung validiert. Ziel der Untersuchung im vorliegenden Abschnitt ist eine Werkzeugerprobung und eine Gegenüberstellung des Verhaltens von konventionellen, lasergefertigten sowie lasergefertigten oberflächenstrukturierten Werkzeugen im Zerspanprozess. Hierzu erfolgt zunächst die Festlegung der Gestaltparameter für ein Referenz-Zerspanwerkzeug zur Drehbearbeitung von gehärtetem Stahl hoher Festigkeit, gefolgt von der Ableitung der Teilbearbeitungsschritte des Laserprozesses sowie der Verknüpfung zum Gesamtprozess. Das Vorgehen bei der Laserbearbeitung umfasst das Vor- und Fertigbearbeiten der Freifläche sowie die Bearbeitung der Spanfläche unter Herstellung einer Negativfase. Darüber hinaus werden erweiterte Möglichkeiten der Laserbearbeitung wie die Oberflächenfunktionalisierung beleuchtet, um Mehrwerte durch die Laserbearbeitung nutzbar zu machen.

Der Einsatz der Zerspanwerkzeuge wird an einem Hartdrehprozess des gehärteten Lagerstahls 100Cr6 mit einer Härte von 58-59 HRC demonstriert. Dieser Stahl weist eine Zugfestigkeit im weichgeglühten Zustand von $R_m > 750$ N/mm und eine Zugfestigkeit von $R_m > 2.180$ N/mm bei maximaler Arbeitshärte von 64 HRC auf [154]. Weiterführende Angaben zum Zerspanprozess werden in Kapitel 6.2 vertieft. Abgeleitet aus den Randbedingungen der Zerspananwendung und auf Basis eines durchgeführten Interviews mit Experten des Unternehmens MAS GmbH, die schwerpunktmäßig PCBN-Zerspanwerkzeuge entwickeln, wurde die PCBN-Sorte und Werkzeuggeometrie für die weitere Untersuchung festgelegt. Die Sorte PCBN-65 wurde hinsichtlich der Zerspanung von gehärtetem Stahl hoher Festigkeit gewählt, da sie für den Einsatz unter hohen Schnittgeschwindigkeiten zur Zerspanung gehärteter Stähle geeignet ist [44]. Sie weist eine Kombination aus Eigenschaften hoher Verschleißbeständigkeit sowie thermischer Stabilität auf und verhält sich zudem robust gegenüber leichten Schnittunterbrechungen, die z.B. beim Drehen von Ritzelwellen häufig auftreten [28, 44].

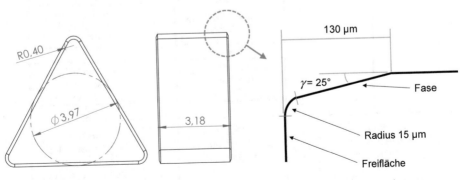

Abbildung 6.1: Werkzeuggeometrie für den Einsatz im Zerspanversuch

© Springer-Verlag GmbH Deutschland, ein Teil von Springer Nature 2019
C. Daniel, *Laserstrahlabtragen von kubischem Bornitrid zur Endbearbeitung von Zerspanwerkzeugen*, Light Engineering für die Praxis, https://doi.org/10.1007/978-3-662-59273-1_6

Bezüglich der Werkzeuggeometrie wurde eine Wendeschneidplatte (WSP) aus Voll-PCBN mit drei Schneidecken, einem Eckenwinkel von $\varepsilon = 60°$ sowie einer Dicke von $d = 3{,}18$ mm festgelegt (Abbildung 6.1). Die WSP weist zudem einen Eckradius von $r_\varepsilon = 0{,}4$ mm, eine Fasenbreite von $L = 0{,}13$ mm und einen Fasenwinkel von $\gamma = 25°$ auf, um dem Schneidkeil die nötige Stabilität gegenüber den hohen zu erwartenden Schnittbelastungen zu verleihen [7]. Der Keilwinkel beträgt $\beta = 115°$. Als Rohkörper für die Laserbearbeitung wurden umfangsgeschliffene PCBN-Wendeschneidplatten mit einem Keilwinkel von $\beta = 90°$ und ohne Fase verwendet, auf die im weiteren Verlauf dann Freifläche und Spanfläche mittels Laser bearbeitet wird. Diese Größen stellen somit die Eingangsparameter für die Laserbearbeitung dar.

6.1 Laserbasierte Erstellung von Zerspanwerkzeugen

Nach der Festlegung des Werkstoffs sowie der Geometrie für das Demonstratorwerkzeug erfolgt die Laserbearbeitung der für diese Untersuchung vorgesehenen Varianten. Zu diesem Zweck wird der Bearbeitungsprozess des Zerspanwerkzeugs in sequentielle Teilschritte zerlegt. Wie in Kapitel 2.1 beschrieben, lässt sich zwischen der Bearbeitung der Freifläche in lateraler Laserstrahlrichtung sowie der Bearbeitung der Spanfläche in axialer Strahlrichtung unterscheiden.

Im hier untersuchten Anwendungsfall werden die drei in Abbildung 6.2 dargestellten Werkzeugvarianten miteinander verglichen. Neben einem konventionell geschliffenen Werkzeug inkl. Fase (WKZ I) wird ein laserbearbeitetes Werkzeug mit identischer Sollgeometrie (WKZ II) sowie ein laserbearbeitetes Werkzeug gefertigt, bei dem auf die Laserbearbeitung der Fase in Kombination mit einer Oberflächenstrukturierung fokussiert wird (WKZ III). Dabei werden mittels WKZ III die erweiterten Möglichkeiten der Laserbearbeitung untersucht und in direkten Bezug zum konventionellen Werkzeug gestellt, weshalb der Schritt der Laserbearbeitung der Spanfläche isoliert von der Bearbeitung der Freifläche betrachtet wird (Abbildung 6.2).

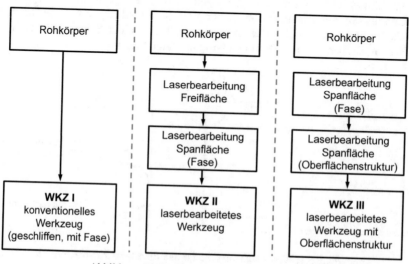

Abbildung 6.2: Untersuchte Werkzeugvarianten

Zur Umsetzung der im vorliegenden Anwendungsfall angestrebten Werkzeuggeometrie (Abbildung 6.1) werden dem Abtragprozess in einer CAM-Schnittstelle die in Kapitel 5 ermittelten Prozessparameter zugewiesen. So erfolgt die laserbasierte Herstellung des Soll-Maßes an der Freifläche, indem Bahnen unter Einsatz der in Kapitel 5.3.3 beschriebenen Belichtungsmuster inkl. einer radialen An- und Abfahrbewegung an die Zielkontur mit Radius $R = 2$ mm entlang der Soll-Kontur abgefahren werden (Abbildung 6.3). Belichtungsmuster, die die Entstehung von Kantenwelligkeit vermeiden, weisen für den vorliegenden Anwendungsfall einen Durchmesser von $d_a = 300$ µm (vgl. Kapitel 5.3.3) auf, sodass mit einem Rohkörperaufmaß von $\Delta_A < 0{,}25$ mm ein Bearbeitungsgang mit Schlichtparametern entlang der Schneidkante erforderlich ist. Hierbei liegt der Fokus auf einer hohen Kantenqualität unter einem Kompromiss in der Abtragrate.

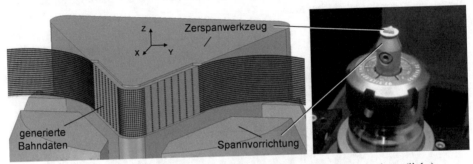

Abbildung 6.3: Laserbearbeitung der Freifläche: Generierung von Bahndaten (links), Spannsituation des Werkzeugrohkörpers (rechts)

Die Bearbeitung der Spanfläche erfolgt durch schichtweise, flächige Belichtung mit Laserstrahlung. Auf diese Weise können Spanleitstufen, Fasen wie bei oben beschriebenem Werkzeug und die Funktionalisierung der Oberfläche realisiert werden. Zur Erzielung einer hohen Oberflächenqualität werden die im Rahmen der Prozessentwicklung in Kapitel 5 identifizierten Parameter verwendet. Die Fasengeometrie wird dazu in Schichten der Dicke $h_s = 1{,}2$ µm unterteilt und die Querschnittsfläche wird in jeder Ebene mit Laservektoren im Abstand von $SA = 6$ µm ausschraffiert (vgl. Kapitel 5.3.2), die bei WKZ II je Schicht um den Schraffurwinkel von $\varphi = 42°$ gedreht werden (vgl. Kapitel 5.5.3).

Im Hinblick auf die Funktionalisierung von Oberflächen eröffnen die erweiterten geometrischen Freiheiten der laserbasierten Fertigung gegenüber dem konventionellen Schleifen von Zerspanwerkzeugen die Möglichkeit zur Einbringung von Strukturen z.B. auf Basis bionischer Vorbilder [91]. Im vorliegenden Anwendungsbeispiel wird die Möglichkeit des direkten Laserstrahlabtrags auf den Funktionsflächen zur Erzeugung funktionaler Struktur genutzt. Da am Zerspanwerkzeug, das hier untersucht wird, die Fase eine Breite von $L < 0{,}2$ mm umfasst, müssen in Frage kommende Strukturen noch kleinere Dimensionen aufweisen. Die Gestaltung und Dimensionierung der Struktur für das WKZ III wird in Anlehnung an im Stand der Technik identifizierte Strukturen vorgenommen, die auf Hartmetall aufgebracht wurden (vgl. Kapitel 2.1). Hieraus geht u.a. hervor, dass kleine Strukturdimensionen anzustreben sind, damit die Funktionalität der Struktur gegeben ist und der auf der Oberfläche des strukturierten Werkzeugs abflie-

ßende Span nicht in laserabgetragene Zwischenräume eindringt, sondern auf den erhabe-
nen Bereichen abgleitet. Die Struktur an vorliegendem WKZ III ist daher als hierarchi-
sche Überlagerung zweier Mikrostrukturen unterschiedlicher Größendimension ausgelegt. Eine regelmäßige Mikrostruktur im Bereich $s = 10$ µm (Abbildung 6.5 Mitte links),
erzeugt durch den gezielten Einsatz der flächigen Belichtungsstrategie, wird mit einer
kissenförmigen, konturfolgenden Struktur überlagert (Abbildung 6.5 Mitte rechts), wobei die vertieften Bereiche der Kissenstruktur durch eine Linienbelichtung mit Laserstrahlung erzeugt werden (Abbildung 6.4). Der Soll-Abstand zwischen den Linien beträgt $s = 20$ µm und die Soll-Linienbreite gleichfalls $b = 20$ µm. Im Rahmen der Prozessentwicklung in Kapitel 5.2.3 wurde aufgezeigt, dass der Laserprozess insbesondere
durch die Wahl der Brennweite F sowie die Laserleistung P so eingestellt werden kann,
dass Geometrien möglichst klein gefertigt werden können und die geforderten Strukturdimensionen somit realisierbar sind.

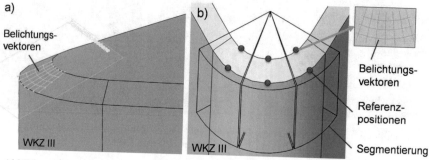

Abbildung 6.4: Ableitung von Bearbeitungsdaten zur Strukturierung a) Positionierung von
Bearbeitungsvektoren b) Segmentierung und Referenzpunkte

Hinsichtlich der Umsetzung der Struktur auf WKZ III wird die regelmäßige Mikrostruktur an der Negativfase durch den gezielten Einsatz der Belichtungsstrategie mit
einem Schraffurwinkel von $\varphi = 90°$ bei einem Startwinkel von $\varphi_1 = 45°$ hergestellt. Der
dabei wirksame Entstehungsmechanismus besteht darin, dass die Strukturen durch die
Gestaltung und Positionierung der Enden von Belichtungsvektoren und deren schichtweisen Überlagerung entstehen. Die kissenförmige Struktur am Zerspanwerkzeug hingegen wird über einen vektorbasierten Grafikdatensatz festgelegt. Zu diesem Zweck
werden die vorgesehenen Strukturelemente im CAD-Datensatz des Werkzeugs als
Linien auf die Fasen- bzw. Spanfläche gelegt (Abbildung 6.4a). Weiterhin erfolgt die
Strukturerstellung segmentweise, wobei die Segmentgröße stets so in Ihrer Größe definiert wird, dass die geometrische Ausdehnung in Richtung der Laserachse klein ist.
Dadurch ist ein Abtragprozess sichergestellt, bei dem die aus der Krümmung des Werkzeugs resultierende, nachgeführte Fokuslage $\Delta z < z_R$ innerhalb der Rayleigh-Länge liegt
und der Abtrag somit von hoher Qualität ist (vgl. Kapitel 5.3.1). Aus Symmetriegründen
ist bei diesem Vorgehen im vorliegenden Fall die Erstellung nur eines Segments notwendig, das an den jeweiligen in Abbildung 6.4b dargestellten Referenzpunkten mehrfach platziert wird. Die Elemente des vektorbasierten Grafikdatensatz werden abschließend zu Belichtungsvektoren transformiert, das Werkzeug im Laserprozess an der jeweiligen Teilfläche senkrecht zur Laserachse positioniert, die Strukturen sequentiell eingebracht und so Zerspanwerkzeug WKZ III erstellt (Abbildung 6.5 oben).

In Bezug auf eine potentielle Strukturierung der Schneidkante und Freifläche wurde in einem zerspanenden Stichversuch bestimmt, dass für den vorliegenden Anwendungsfall Strukturen in den angegebenen Dimensionen unmittelbar auf der Schneidkante sowie auf der Freifläche ihr Profil auf dem Werkstück hinterlassen und sich somit negativ auf das Zerspanergebnis in Form von Rauheit am Werkstück auswirken würden. Zudem stellten Strukturen direkt an der Schneidkante Angriffspunkte für Verschleiß im vorliegenden Zerspanungsfall dar und würden die Schneidkante somit schwächen. Auf Basis der Erkenntnisse aus dem vorgelagerten Stichversuch wird daher von der Strukturierung an Schneidkante sowie Freifläche der zu untersuchenden Werkzeuge zunächst abgesehen. Nichtsdestotrotz ist mit dem realisierten Prozess eine umfassende dreidimensionale Strukturierung von Zerspanwerkzeugen möglich, was am vorliegenden Werkzeug zusätzlich demonstriert wird (Abbildung 6.5 unten). Die aufgezeigte Möglichkeit zur dreidimensionalen Strukturierung kann somit perspektivisch bei anders gelagerten Anwendungsfällen der Zerspanung Einsatz finden. Von einer Untersuchung im vorliegenden Anwendungsfall der Zerspanung wird dieses Werkzeug aus o.g. Gründen jedoch ausgeschlossen.

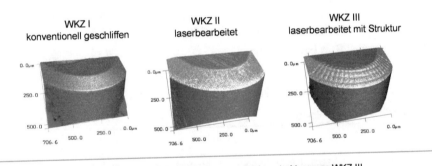

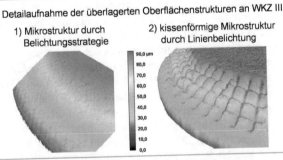

Abbildung 6.5: Ergebnisse der Laserbearbeitung der Werkzeuge WKZ II und WKZ III

In Abbildung 6.5 (oben, Mitte) sowie in Tabelle 6.1 sind die Ergebnisse der Laserbearbeitung der Werkzeuge WKZ II sowie WKZ III aufgeführt und WKZ I gegenübergestellt. Alle drei Werkzeuge liegen hinsichtlich der Bearbeitungsergebnisse innerhalb der Fertigungstoleranz und weisen vergleichbare Ergebnisse im Hinblick auf die Parameter Fasenwinkel und -breite sowie Schneidkantenradius auf. Lediglich die Oberflächenrauheit des laserbearbeiteten Zerspanwerkzeugs WKZ II liegt um $\Delta S_a = 0,21$ µm über der beim Schleifen von WKZ I erreichten. Die geforderten Strukturdimensionen bei WKZ III konnten mit einer Periode der Mikrostruktur von $s = 9,5 - 10,5$ µm bei einer Tiefe von $h_A = 2,3$ µm sowie mit einer Breite der kissenförmigen Struktur von $s = 20$ µm bei einer Tiefe von $h_A = 5,3 - 8,9$ µm realisiert werden, sodass auf diese Weise die angestrebte Umsetzung der Struktur erreicht werden konnte.

Tabelle 6.1: Vermessung der Werkzeuge WKZ I bis WKZ III

	Einheit	Soll	Toleranz	WKZ I	WKZ II	WKZ III
Fasenwinkel α	[°]	25	± 0,5	24,7	24,9	25,3
Fasenbreite L	[µm]	130	± 15	138	143	139
Schneidkantenradius r	[µm]	15	± 2,0	15,5	15,3	13,9
Oberflächenrauheit S_a	[µm]	min.	-/-	0,31	0,52	-/-
Bearbeitungszeit t	[s]	min.	-/-	360	290	125
Strukturbreite b	[µm]	20	± 1,0	-/-	-/-	9,5 – 10,5 / 20
Strukturtiefe h_A	[µm]	7	± 2,0	-/-	-/-	2,3 / 5,3 – 8,9

Bei den Bearbeitungszeiten ergeben sich hingegen deutlichere Unterschiede. So setzt sich die Bearbeitungszeit für WKZ II zu 69 % aus der Zeit zur Bearbeitung der Freifläche und zu 31 % aus der Zeit zur Bearbeitung der Fase zusammen, wobei die gesamte Bearbeitungszeit im Vergleich zum Schleifprozess bei WKZ I um ca. 20 % reduziert ist. Bei WKZ III fällt aufgrund der zusätzlichen Einbringung der Struktur die Bearbeitungszeit der Spanfläche um 38% länger aus als bei WKZ II. Hierbei ist jedoch die mehr benötigte Zeit maßgeblich auf die Positionierbewegung zurückzuführen, während die Hauptzeit zur Bearbeitung der Struktur je Segment lediglich $t < 1$ s beträgt. Im Falle einer Optimierung der CNC-Programmierung weist dieser Bearbeitungsschritt daher ein Potential zur Zeitreduzierung auf. Zusammenfassend lässt sich festhalten, dass der abgeleitete Prozess zur laserbasierten Fertigung von Zerspanwerkzeugen aus PCBN geeignet ist, um Werkzeuge in hoher Qualität und unter reduziertem Zeitbedarf bei gleichzeitigem Mehrwert an Funktionalität und Flexibilität herzustellen.

6.2   Einsatz in der industriellen Zerspananwendung

Nachdem im vorangegangenen Abschnitt PCBN-Werkzeuge mittels des in Kapitel 5 entwickelten Laserprozesses erstellt wurden, erfolgt im nächsten Schritt die Durchführung eines Zerspanversuchs zum Vergleich des konventionell geschliffenen, des laserbearbeiteten sowie des laserbearbeiteten und mit einer Oberflächenstruktur versehenen Werkzeugs. Der Ablauf des Zerspanversuchs unterteilt sich in die Festlegung von

Versuchsmaschine und –werkstück, gefolgt von der Festlegung entsprechender Zerspan-parameter. Das Verhalten der PCBN-Werkzeuge im Zerspanprozess wird anschließend anhand von Beurteilungskriterien unterteilt in In-Prozess- und Post-Prozess-Größen eingeordnet und die erzielten Ergebnisse abschließend diskutiert.

Die Zerspanung im vorliegenden Validierungsschritt wird an einer Präzisionsdreh-maschine vom Typ Kummer K200 durchgeführt, die über eine maximale Spindeldreh-zahl von $U = 6000$ U/min verfügt (Abbildung 6.6). Die Drehmaschine weist in ihrer Ausstattung z.B. beim Maschinenkörper und den Lagerelementen die Besonderheit auf, dass diese explizit für die Lasten bei der Hartdrehbearbeitung ausgelegt sind [164]. Als Werkstück zur Zerspanung werden Zylinder aus gehärtetem Lagerstahl 100Cr6 mit einer Härte von $58 - 59$ HRC und einer maximalen Zugfestigkeit von $R_m > 2.180$ N/mm ver-wendet [154]. Ein zylindrisches Testwerkstück wurde gezielt gewählt, um Störeinflüsse in der Zerspanung durch eine komplexe Werkstückgeometrie zu vermeiden und die Werkzeugeigenschaften isoliert und unter kontrollierten Bedingungen untersuchen zu können. Für den Zerspanprozess werden die in Tabelle 6.2 dargestellten Parameter des Drehprozesses festgelegt und konstant gehalten, um den Zerspanprozess vergleichbar für die verschiedenen Werkzeuge auszuführen. Je Werkzeug wurden hinsichtlich der Re-produzierbarkeit vier Zerspanversuche mit einem Zerspanweg von je $l_{m,ges} = 500$ mm pro Werkzeug durchgeführt. Bei der Zerspanung mit PCBN ist es gängige Praxis, auf eine Kühlung mit wasserhaltigem Kühlschmiermittel zu verzichten, da diese die Werkzeuge durch thermische Schockwirkung aufgrund hoher Temperaturgradienten in der Zer-spanzone sowie durch chemische Reaktionen zwischen Kühlschmierstoff und PCBN schädigen kann [28]. Der Zerspanprozess erfolgt daher dem Stand der Zerspantechnik folgende ohne Kühlung.

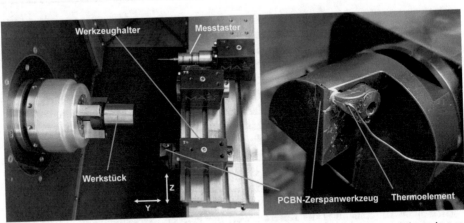

Abbildung 6.6: Versuchsaufbau zur Zerspanung (links), PCBN-Zerspanwerkzeug mit integriertem Thermoelement (rechts)

Zur Quantifizierung des Verhaltens der Werkzeuge im Zerspanprozess werden im Fol-genden Bewertungskriterien in Anlehnung an Klocke et al. festgelegt, die messtechnisch erfasst werden [12]. Die Kriterien unterteilen sich dabei in Größen, die im Prozess auf-treten sowie Größen, die nach der Durchführung des Zerspanversuchs aufgenommen werden. In Bezug auf die Gruppe der In-Prozess-Größen wird in der vorliegenden Untersuchung die relative Abweichung zwischen Soll- und Ist-Durchmesser des Werkstücks je Schnitt gemessen. Die Messung erfolgt mittels eines taktilen Messtasters vom Typ Renishaw MP250 innerhalb der Versuchsdrehmaschine. Da je Schnitt eine Zustellung von $a_p = 0,1$ mm am Radius erfolgt, stellt die Differenz zum tatsächlich zerspanten Werkstückradius ein Maß für den Verschleiß am Werkzeug dar. Ein Zerspanwerkzeug hoher Qualität liefert einen gleichmäßigen, aber langsamen Anstieg des Differenzwerts. Weiterhin wurden die PCBN-Werkzeuge für die Messung der In-Prozess Temperatur vorbereitet. In ein lasergebohrtes Aufnahmeloch in der Spannpratze für die Werkzeuge werden Thermoelemente vom Typ K mit einem Durchmesser von $D = 0,5$ mm eingebracht und während des Zerspanprozesses eine Temperaturmessung durchgeführt. Die Thermoelemente weisen einen Abstand von $D = 0,5$ mm von der Zerspanzone auf und liefern somit einen relativen Wert, mit dem die Zerspanwerkzeuge untereinander verglichen werden können. Eine geringere Temperatur weist auf eine geringere thermische Belastung der Schneidkante hin und wirkt sich somit positiv hinsichtlich der Standzeit des Werkzeugs aus [12, 63].

Tabelle 6.2: Zerspanparameter des Drehprozesses

Parameter	Schnitt-geschwindigkeit	Vorschub	Werkstück-ausgangs-durchmesser	Schnitt-tiefe	Einstell-winkel	Vorschubweg je Schnitt	Anzahl Schnitte	Kühlung
Abkürzung	v_c	f_n	D_m	a_p	κ	l_m	i	
Wert	200	0,1	50	0,1	90	50	10	ohne
Einheit	m/min	mm/U	mm	mm	°	mm		

Die Größen zur Bewertung der Zerspanwerkzeuge, die Post-Prozess aufgenommen werden umfassen die Vermessung der Schneidkante mittels Laserkonfokalmikroskopie, wobei die Messung entsprechend dem in Kapitel 4.5 definierten Vorgehen durchgeführt wird. Auf dieser Grundlage erfolgt die Bestimmung der Verschleißarten an der Span- und Freifläche sowie die Messung von Verschleißmarkenbreite an der Freifläche VB_{max} und Tiefe des Kolkverschleißes an der Spanfläche KT entsprechend DIN ISO 3685 [165]. Ein geringerer Verschleißfortschritt wirkt sich positiv hinsichtlich der Standzeit des Werkzeugs aus. Abschließend erfolgt die Messung der Rauheitskenngrößen R_a und R_z an der Werkstückoberfläche nach der Zerspanung mittels eines taktilen Rauheitsmessgeräts MahrSurf M400 mit Taster BFW-250. Ziel der Hartzerspanung ist es, Oberflächen in einer solchen Qualität zu fertigen, dass diese keiner Nacharbeit bedürfen [28]. Die mit dem konventionellen Zerspanwerkzeug erzielte Werkstückrauheit dient in der vorliegenden Untersuchung als Referenzwert der erzielten Oberflächengüte. Bezüglich der in Erscheinung tretenden Spanformen erfolgt eine Kategorisierung und qualitative Analyse des Spanbildes nach Klocke et al. [12]. Lange Fließspäne können das Werkstück beschädigen, sich in Maschinenteilen verfangen und so die Bearbeitung blockieren. Daher sind kurze Spanformen positiv zu bewerten [12].

Nach Durchführung der Zerspanversuche lassen sich die mit den Zerspanwerkzeugen WKZ I, WKZ II und WKZ III erzielten Ergebnisse wie folgt gegenüberstellen. Zur Herstellung eines relativen Bezugs der Ergebnisse der Zerspanversuche dient WKZ I als Referenz. Der Verlauf der jeweiligen Differenz zwischen Soll- und Ist-Durchmesser des Werkstücks je Schnitt ist in Abbildung 6.7 dargestellt. Für WKZ I verläuft die Kurve stabil und flach. WKZ II und WKZ III weisen bezüglich der Differenz zwischen Soll- und Ist-Durchmesser ein ähnliches Verhalten wie WKZ I auf. Bei WKZ II ist die Streuung der Werte für zunehmende Schnitte jedoch größer.

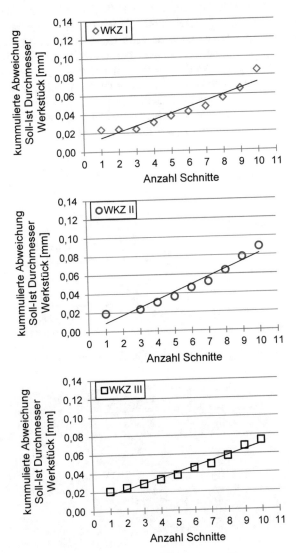

Abbildung 6.7: Ergebnisse des Zerspanversuchs der Werkzeuge WKZ I - III

In Abbildung 6.8 ist ein typischer Temperaturverlauf nahe der Zerspanzone über die Zeit dargestellt. Die Temperatur steigt beim Eingriff der Schneide in das Werkstück stark an und verläuft anschließend degressiv steigend fort. Mit Austritt der Schneide aus dem Werkstück fällt die Temperatur wiederum steil ab. Das konventionelle sowie das laserstrahlbearbeitete Zerspanwerkzeug weisen einen vergleichbaren Temperaturverlauf auf, wobei die maximal gemessene Temperatur für das konventionelle Werkzeug WKZ I mit $T_{max} = 136°C$ am höchsten liegt. WKZ II liegt mit einer maximalen Temperatur von $T_{max} = 131°C$ in einer ähnlichen Größenordnung. Bei dem oberflächenstrukturierten Werkzeug WKZ III hingegen stellt sich zu Beginn der Zerspanung ein deutlich niedriger Temperaturverlauf mit einer Höchsttemperatur von $T_{max} = 55°C$ ein. Dies lässt sich durch einen veränderten Spanfluss bedingt durch die um ca. 40 % verringerte Kontaktfläche aufgrund der zurückgesetzten Flächenanteile der Oberflächenstruktur erklären. Hierdurch wurden die Späne im Zerspanversuch bei WKZ III gleichbleibend aus der Zerspanzone abgeführt, sodass sich kein Spanstau mit Folge einer Wärmakkumulation bildet und somit eine geringere Temperatur zu beobachten ist. Mit einsetzendem Verschleiß am Werkzeug verliert die Struktur jedoch ihre Wirkung, sodass die Temperatur ab einem Zerspanweg von $l_m \approx 100$ mm in einem vergleichbaren Verlauf wie bei WKZ I und WKZ II auf einen Maximalwert von $T_{max} = 130°C$ ansteigt.

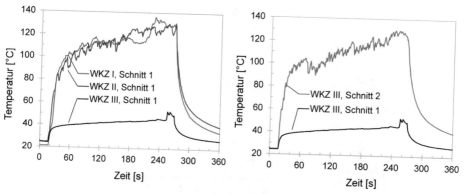

Abbildung 6.8: Temperaturverlauf im Zerspanversuch

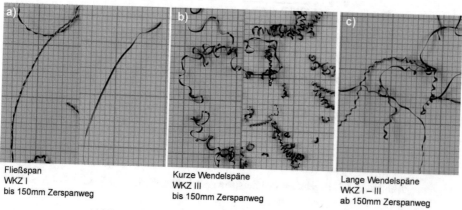

Abbildung 6.9: Auftretende Spanformen im Zerspanversuch

Im Hinblick auf die Post-Prozess-Auswertegrößen treten als Spanformen beim konventionellen Zerspanwerkzeug und dem laserbearbeiteten Werkzeug WKZ II in Schnitten $i = 1 - 3$ lange Späne sowie z.T. auch unerwünschte Fließspäne auf (Abbildung 6.9a). Das mit Oberflächenstruktur versehene Werkzeug WKZ III erzeugt hingegen in den ersten drei Schnitten ein Spanbild mit kurzen Wendelspänen (Abbildung 6.9b). Ab Schnitt $i = 4$ geht das Spanbild bei WKZ III in lange Wendelspäne über und bei WKZ I und WKZ II bleibt das Auftreten von Fließspänen aus, sodass alle Werkzeuge ab Schnitt $i = 4$ ein einheitliches Spanbild mit langen Wendelspänen aufweisen (Abbildung 6.9c).

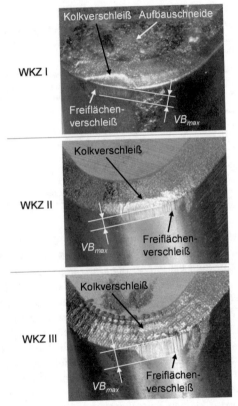

Abbildung 6.10: Verschleißbilder der Werkzeuge WKZ I - III

Darüber hinaus ist in Bezug auf die auftretenden Verschleißformen bei allen Werkzeugen ein Freiflächenverschleiß sowie ein Kolkverschleiß an der Spanfläche festzustellen (Abbildung 6.10). Zudem ist festzustellen, dass WKZ I qualitativ betrachtet vermehrt zur Bildung einer temporären Aufbauschneide neigt als die laserbearbeiteten Werkzeuge. Bei WKZ II und WKZ III hingegen konnte keine Aufbauschneidenbildung beobachtet werden. Zudem konnten keine negativen Einflüsse aus dem Laserfertigungsprozess im Hinblick auf die Ausbildung von Werkzeugverschleiß an WKZ II und WKZ III festgestellt werden. Der geringste Kolkverschleiß wurde beim Werkzeug WKZ II mit einer Tiefe von $KT = 6$ µm festgestellt, während der Kolkverschleiß bei den Werkzeugen mit funktionaler Struktur eine Tiefe von $KT = 12$ µm beträgt (Tabelle 6.3).

Die Verschleißmarkenbreite liegt über alle Werkzeuge hinweg in vergleichbarer Größenordnung und weist den geringsten Wert von $VB_{max} = 87$ µm bei WKZ II auf. Zudem wurde im Anschluss an die Zerspanversuche eine taktile Vermessung der Oberflächenrauheit der Werkstücke durchgeführt. Dabei wurden die Werte $R_a = 0,31$ µm und $R_z = 2,07$ µm für das Bearbeitungsergebnis durch das konventionelle Zerspanwerkzeug als Referenz bestimmt. Das beste Ergebnis wurde mittels des Werkzeugs WKZ II erzielt und die Oberflächenrauheit des Werkstücks um 20 % für R_a und 34 % für R_z verringert. Im Vergleich dazu wurde bei dem Werkzeug mit funktionaler Oberflächenstruktur eine Verringerung der Rauheit R_a um 12 % sowie um 26 % für R_z erzielt (Tabelle 6.3).

Tabelle 6.3: Werkzeugverschleiß und Werkstückrauheit nach der Zerspanung

| Parameter | Werkzeug | | Werkstück | |
	Verschleiß-markenbreite	Kolk-verschleiß	arithmetischer Mittenrauwert	gemittelte Rautiefe
Abkürzung	VB_{max}	KT	R_a	R_z
WKZ I	95,0	12,0	0,31	2,07
WKZ II	87,0	6,0	0,25	1,36
WKZ III	90,0	12,0	0,27	1,52
Einheit	µm	µm	µm	µm

Zusammenfassend lässt sich anhand der Ergebnisse der Zerspanversuche sowie der Auswertung des Verschleißes die Eignung der laserbearbeiteten Werkzeuge mit sowie ohne funktionale Struktur zum Einsatz in der Hartzerspanung feststellen. Die auftretenden Verschleißformen sind für alle Werkzeuge identisch in Freiflächenverschleiß und Kolkverschleiß zu sehen, was zu einem gleichförmig voranschreitenden Verschleiß führt und die Standzeit der Werkzeuge somit kalkulierbar macht. In Bezug auf die Rauheit am Werkstück resultieren glattere Oberflächen aus der Bearbeitung mit laserstrahlgefertigten Werkzeugen. Die Ursache hierfür ist zum einen in der reduzierten Neigung zur Bildung von adhäsionsbedingten Aufbauschneiden bei den laserstrahlbearbeiteten Werkzeugen zu sehen. Zum anderen lässt sich die Ausbildung eines Wasserfallprofils an der Schneidkante vermuten, welches bei der laserbasierten Fertigung häufig entsteht und einen Übergang von einem kleinen Schneidkantenradius von der Spanfläche kommend zu einem großen Schneidkantenradius hin zur Freifläche bildet [58, 166]. Darüber hinaus lassen sich mittels strukturierten Oberflächen der Spanfluss sowie der Temperaturhaushalt an PCBN-Zerspanwerkzeugen positiv beeinflussen.

Die Potentiale laserbearbeiteter PCBN-Werkzeuge konnten somit im Rahmen der vorliegenden Arbeit erfolgreich aufgezeigt werden. Durch die Berücksichtigung der Freiheitsgrade der Laserbearbeitung bereits bei der Werkzeuggestaltung wird eine Verbesserung der Werkzeugeigenschaften ermöglicht. Auf diese Weise können die aufgeführten positiven Effekte im Zerspanprozess genutzt werden. Da in der industriellen Zerspanung mit PCBN die Werkzeugkosten 60-90 % der Bauteilkosten betragen [167, 168], können diese Vorteile den Ausschlag zum künftigen industriellen Einsatz der Laserbearbeitung von PCBN-Werkzeugen geben.

7 Zusammenfassung und Ausblick

Internationale Bestrebungen zur Schonung von Umwelt und Ressourcen umfassen das Ziel der Reduzierung von CO_2-Emmissionen und weiteren Treibhausgasen. Dies ist erforderlich, um die globale Erderwärmung auf deutlich unter 2°C im Vergleich zum vorindustriellen Niveau zu begrenzen und so zukünftig den Lebensraum für Mensch, Fauna und Flora zu erhalten. Emissionen aus Energietechnik, industriellen Prozessen und dem Verkehr lassen sich verringern, indem Energie und Treibstoff eingespart werden, was z.B. durch Massereduktion in technischen Konstruktionen erreicht werden kann. Hierzu werden Leichtbauwerkstoffe mit einer hohen spezifischen Festigkeit verwendet, sodass bei gleichbleibender Festigkeit geringere Querschnitte und damit geringere Massen im Vergleich zu konventionellen Konstruktionen eingesetzt werden können. In diesem Zusammenhang kommen Stähle hoher Festigkeit und Härte in Komponenten wie z.B. dem Antriebsstrang und der Karosserie im Automobilbau sowie in Getrieben und Rotornaben von Windenergieanlagen zum Einsatz. Dabei fallen Zerspanaufgaben an, wobei die verwendeten Stähle aufgrund ihrer hohen Festigkeitswerte und Härte schwer zerspanbare Werkstoffe darstellen. Zur Zerspanung werden daher in erster Linie Werkzeuge mit geometrisch bestimmter Schneide aus polykristallinem kubischem Bornitrid (PCBN) und Hartmetall (HM) eingesetzt.

Das Laserstrahlabtragen zur Fertigung von Zerspanwerkzeugen mit geometrisch bestimmter Schneide aus hochharten Werkstoffen weist im Gegensatz zum Schleifen den Vorteil auf, dass es berührungsfrei und somit nahezu verschleiß- und kraftfrei arbeitet und die Werkzeuggeometrie im Laserstrahlverfahren nicht an die geometrische Form einer Schleifscheibe gebunden ist. Laserstrahlabtragen mit kurzen und ultrakurzen Pulsen eröffnet daher neue Potentiale zur Werkzeugfertigung. Bisherige Entwicklungen im Rahmen des Laserstrahlabtragens von Zerspanwerkzeugen beschäftigten sich mit Spezialbereichen der Werkzeugfertigung, wobei mit unterschiedlichen Vorgehensweisen zur Prozessentwicklung angesetzt wurde, der Ablauf starr war und Werkstoffe sowie Anlagenkomponenten im Vorwege festgelegt waren. Ein systematisches Vorgehen zur Prozessentwicklung, das auf verschiedene Werkstoffe und Anwendungen zielgerichtet anpassbar ist, wurde bisher jedoch noch nicht hergeleitet. Ziel dieser Arbeit war daher die Erstellung eines methodischen Vorgehens zur effizienten sowie flexiblen Entwicklung von Laserstrahlabtragprozessen mit kurzen und ultrakurzen Pulsen. Weiteres Ziel war die Validierung des methodischen Vorgehens, die am Beispiel der Prozessentwicklung zur laserbasierten Fertigung von Zerspanwerkzeugen aus PCBN mit geometrisch bestimmter Schneide zum Drehen oder Fräsen erfolgte. Die Anwendung des entwickelten Prozesses führte zum abschließenden exemplarischen Einsatz der Werkzeuge bei der Zerspanung von gehärtetem Stahl hoher Festigkeit.

In Kapitel 2 wurden die laserbasierte Fertigung von Zerspanwerkzeugen, insbesondere aus kubischem Bornitrid, sowie das Laserstrahlabtragen zur Bearbeitung hochharter Werkstoffe vorgestellt. Zur Entwicklung von Prozessen zum Laserstrahlabtragen wurden zudem Grundlagen der statistischen Versuchsplanung und bestehende intuitive Ansätze zur Identifizierung einer Prozessführung aufgearbeitet.

© Springer-Verlag GmbH Deutschland, ein Teil von Springer Nature 2019
C. Daniel, *Laserstrahlabtragen von kubischem Bornitrid zur Endbearbeitung von Zerspanwerkzeugen*, Light Engineering für die Praxis, https://doi.org/10.1007/978-3-662-59273-1_7

Auf dieser Basis wurde in Kapitel 3 die Problemstellung abgeleitet sowie die Struktur der vorliegenden Arbeit entwickelt. Hierzu wurde der Lösungsweg für die Entwicklung eines methodischen Vorgehens zur Prozessentwicklung beim Laserstrahlabtragen festgelegt. Zudem wurden nachfolgende Schritte zur Erprobung des methodischen Vorgehens am Beispiel der Prozessentwicklung zum Laserstrahlabtragen von Zerspanwerkzeugen aus PCBN sowie zur Evaluation der Eigenschaften dieser Werkzeuge in der Zerspananwendung definiert.

Das in Kapitel 4 entwickelte methodische Vorgehen zur Prozessentwicklung setzt sich aus den folgenden Schritten zusammen. Eingangs erfolgt die Definition von Bearbeitungsaufgabenstellung und Anforderungen an ein Prozessergebnis in Bezug zu einer spezifischen technischen Problemstellung. Eine darauf basierende Werkstoffauswahl im ersten Schritt des methodischen Vorgehens folgt den Anforderungen der technischen Problemstellung sowie Aspekten der fertigungsgerechten Gestaltung. Im zweiten Schritt wird der optische und mechanische Aufbau festgelegt und Anlagenkomponenten werden räumlich und informationstechnisch miteinander verknüpft sowie im dritten Schritt eine Prozessführung und -steuerung entwickelt. Im finalen Schritt steht ein Laserprozess bereit, der den Anforderungen der eingangs definierten technischen Problemstellung gerecht wird. Zur Anwendung des methodischen Vorgehens ist darüber hinaus die Definition von Zielkriterien für die jeweils angestrebte Entwicklung erforderlich, um Entscheidungen entlang der Schritte der Prozessentwicklung treffen zu können und um die Erfüllung der Anforderungen laufend überprüfen zu können. Für die in dieser Arbeit exemplarisch durchgeführte Prozessentwicklung zur Laserbearbeitung von PCBN-Werkzeugen wurde auf die Erzielung eines Ergebnisses hoher Qualität fokussiert und Zielkriterien hinsichtlich geometrischer Toleranzen, der Oberflächenqualität, der Wärmeeinflusszone, der Welligkeit der Schneidkante, der Prozessstabilität sowie zeit- und kostenbezogener Zielkriterien festgelegt.

In Kapitel 5 wurde das entwickelte methodische Vorgehen validiert und zu diesem Zweck vollständig durchlaufen. Im ersten Schritt wurde dazu die exemplarische Bearbeitungsaufgabenstellung definiert und auf Basis der Zielkriterien eine PCBN-Sorte festgelegt, die einen CBN-Anteil von $c = 90\ \%$ und einen keramischen Binder beinhaltet. Anschließend erfolgte eine systematische Bewertung und Auswahl von Strahlquellen in Anlehnung an Richtlinie VDI 2225 unter Betrachtung von ns-, ps- und fs-Laserstrahlquellen. Den höchsten Erfüllungsgrad wiesen ps-Laserstrahlquellen auf, sodass eine ps-Strahlquelle mit einer Pulsdauer von $t_p = 10\ \text{ps}$ sowie einer Wellenlänge von $\lambda = 1.064\ \text{nm}$ für den weiteren Verlauf ausgewählt wurde. Der optische und mechanische Aufbau umfasste die Integration in eine fünfachsige Werkzeugmaschine mit 3-achsiger Strahlablenkeinheit, um einerseits eine hohe Qualität durch Präzision bei der Bearbeitung sowie gleichzeitig eine hohe Flexibilität des Systems zu erreichen. Hinsichtlich der Fokussieroptik wurde eine Brennweite von $F = 163\ \text{mm}$ identifiziert, mittels derer eine minimale Fertigungsauflösung von $d_w = 20\ \mu\text{m}$ erreichbar ist.

Im Rahmen der anschließenden Untersuchung der Prozessführung wurde zunächst der Einfluss der Fokuslage auf den Prozess beschrieben. Durch eine defokussierte Bearbeitung kann die Abtragrate im vorliegenden Prozess um bis zu 38 % gesteigert werden, allerdings kommt es zu einem Anstieg der Oberflächenrauheit sowie bei starker Defokussierung zu einer schmelzebehafteten thermischen Beeinflussung. Die präziseste Fertigung ist bei Fokusnulllage zu erzielen, wobei der kleinste Fokusdurchmesser, jedoch gemeinsam mit einem Kompromiss hinsichtlich der Abtragrate, auftritt. Darüber hinaus verhält sich der Abtragprozess hier stabil gegenüber Abweichungen in der Fokuslage, sodass die Fokusnulllage für den Laserprozess festgelegt wurde. Im weiteren Verlauf der Untersuchung der Prozessführung wurde hinsichtlich der Pulsenergieverteilung der Einfluss der Parameter Laserleistung und Pulsfrequenz sowie hinsichtlich der Flächenenergieverteilung der Einfluss der Parameter Puls- und Spurabstand auf das Bearbeitungsergebnis charakterisiert. Durch systematisches Vorgehen wurde die Abtragschwelle sowie der Arbeitspunkt des Prozesses bestimmt, in dem maximale Abtrageffizienz vorliegt. Weiterhin konnte eine Einstellungsempfehlung für die Fertigung von PCBN-Zerspanwerkzeugen in einem Schruppprozess mit maximaler Abtragrate von $Q_A > 18$ mm³/min, jedoch einhergehend mit erhöhter Oberflächenrauheit, identifiziert werden. Darüber hinaus wurde ein Parameterfenster zur Endbearbeitung von Zerspanwerkzeugen mit Abtragraten von bis zu $Q_A = 10$ mm³/min im optisch dominierten Ablationsbereich und mit einer Oberflächenrauheit von $S_A = 0{,}52$ µm, vergleichbar mit Oberflächen konventionell bearbeiteter Zerspanwerkzeuge, abgeleitet. Als abschließender Schritt der Prozessführung und -steuerung wurde eine spiralförmige Belichtungsstrategie zur Kantenbearbeitung auf Basis einer Modellbildung untersucht, welche die Parameter Achs- und Scangeschwindigkeit sowie die geometrischen Parameter der Belichtungsstrategie umfasste. So konnte eine geeignete Prozesseinstellung zur Fertigung einer Schneidkante geringer Welligkeit abgeleitet werden.

Abschließend wurde in Kapitel 5 die in Kapitel 3 geforderte Übertragbarkeit des methodischen Vorgehens zur Entwicklung von Laserstrahlabtragprozessen auf andere Anwendungsfälle validiert. Durch die ganzheitliche Gestaltung sowie dadurch, dass die Betrachtung von Werkstoffen und Anlagenkomponenten mit in das methodische Vorgehen einbezogen ist, ließen sich auf Basis von Vorkenntnissen Schritte der Prozessentwicklung gezielt und flexibel reduzieren bzw. erweitern. So fand zunächst eine Übertragung der Prozessentwicklung auf PCBN-Sorten mit unterschiedlichem CBN-Gehalt und Binder-Typ statt. Eine Verringerung des CBN-Gehalts wurde dabei als wichtigster Einflussfaktor auf eine Reduzierung der Abtragrate um ca. 60 % und eine Verringerung der Oberflächenrauheit um ca. 40 % identifiziert. Weiterhin führte eine Anpassung in der Bearbeitungsaufgabenstellung sowie in den Zielkriterien auf alternative Pfade im methodischen Vorgehen. Im Rahmen der Übertragung des Vorgehens auf eine Prozessentwicklung für Hartmetall als deutlich unterschiedlichen Werkstoff, erfolgte eine Untersuchung des Einflusses des Schraffurwinkels auf die Oberflächenrauheit beim Laserstrahlabtragen z.B. für die Fertigung von Spanleitstufen und Fasen an Zerspanwerkzeugen. In diesem Zuge wurden Mechanismen der Rauheitsausbildung identifiziert und Richtlinien abgeleitet, die zu einem Laserstrahlabtragprozess hoher Qualität hinsichtlich der Oberflächenrauheit führen. Im vorliegenden Fall von Hartmetall konnte so durch eine Anpassung des Schraffurwinkels von $\varphi = 0°$ auf $\varphi = 42°$ eine Reduzierung der Oberflächenrauheit um ca. Faktor 3,5 erreicht werden.

Mit der Durchführung der Prozessentwicklung zur Laserstrahlbearbeitung von Werkzeugen aus PCBN in Kapitel 5 konnte das methodische Vorgehen validiert und die technische Machbarkeit der Herstellung von PCBN-Werkzeugen durch einen Laserstrahlabtragprozess mit Pikosekundenlasern aufgezeigt werden, wobei der Prozess gleichermaßen zur Erstellung von Schneidkanten sowie zur Bearbeitung von Fasen und Spanleitstufen genutzt werden kann. Zudem wurde so ein ganzheitliches Prozessverständnis zum Laserstrahlabtragen von PCBN erlangt.

Daran anschließend wurden in Kapitel 6 mittels des abgeleiteten Laserstrahlabtragprozesses PCBN-Werkzeuge erstellt und ihr Einsatz in der Zerspanung validiert. Die
Werkzeugerprobung diente der Gegenüberstellung des Verhaltens im Zerspanprozess
von konventionellen, lasergefertigten und oberflächenstrukturierten Werkzeugen. Anhand der Ergebnisse der Zerspanversuche ließ sich die Eignung der laserstrahlbearbeiteten Werkzeuge mit, sowie ohne funktionale Struktur zum Einsatz in der Hartzerspanung
feststellen. Im Vergleich zu konventionellen Werkzeugen wiesen laserstrahlbearbeitete
Zerspanwerkzeuge aus PCBN gleichförmig voranschreitenden Verschleiß, eine um bis
zu $\Delta T = 80°C$ verringerte Temperatur im Zerspanprozess, eine geringere Neigung zu
adhäsionsbedingten Aufbauschneiden sowie geringere Rauheiten am Werkstück auf.

In dieser Arbeit wurde ein methodisches Vorgehen zur effizienten sowie flexiblen Entwicklung von Laserstrahlabtragprozessen mit kurzen und ultrakurzen Pulsen erstellt und
am Beispiel der Prozessentwicklung zur laserbasierten Fertigung von Zerspanwerkzeugen aus PCBN mit geometrisch bestimmter Schneide zum Drehen oder Fräsen validiert. Zukünftig kann auf dieser Basis und hinausgehend über die in dieser Arbeit
exemplarisch untersuchte Anwendung, das methodische Vorgehen zur Prozessentwicklung für kurz- und ultrakurzgepulste Lasersysteme vielfältig genutzt werden. So ist die
Anwendung auf weitere Zerspanwerkstoffe wie z.B. monokristallinen Diamant, Diamant
aus chemischer Gasphasenabscheidung (CVD-D), Keramik oder Cermets möglich. Zudem ist im Hinblick auf die stetige Weiterentwicklung von Zerspanwerkstoffen auch die
Bildung von Schnittstellen zwischen der vorliegenden Arbeit und der Werkstoffentwicklung denkbar, sodass künftige Zerspanwerkstoffe zum einen Vorteile in der Zerspanung bringen und zum anderen gleichzeitig fertigungsgerecht für die Laserstrahlbearbeitung gestaltet werden können. Ferner ist die Anwendung des in dieser Arbeit
erstellten Vorgehens zur Prozessentwicklung nicht exklusiv auf Zerspanwerkzeuge be-
schränkt. Weitere Anwendungen des Laserstrahlabtragens, die sich perspektivisch
adressieren lassen sind z.B. im Post-Processing additiv gefertigter Bauteile sowie in der
Erstellung von Oberflächenmodifikationen und Mikrokavitäten zu sehen. Zudem ist die
Übertragbarkeit der Vorgehensweise auch auf andere Fertigungstechnologien denkbar.

Darüber hinaus zeichnen sich auf Basis der Untersuchungen in die vorliegenden Arbeit
Entwicklungspotentiale im Bereich der Prozessführung und -steuerung von Laserstrahlabtragprozessen ab, die in weiteren Forschungsaktivitäten aufgegriffen werden können.
Zur Bearbeitung von Werkzeugen höherer geometrischer Komplexität, wie z.B. Bohr-
werkzeugen, bei denen die Schneidkante einen dreidimensionalen Verlauf aufweist, ist
eine Synchronisation der optischen Achsen der Strahlablenkeinheit mit den mechanischen Achsen der Werkzeugmaschine sowie eine Integration dieser in CAM-Schnitt-
stellen anzustreben, um komplexe geometrische Bearbeitungsaufgabenstellungen lösen
zu können. Weiterhin ist das Ergebnis einer Überfahrt mit dem Laserfokus nicht exakt
geometrisch definiert, sondern von Prozessparametern stark abhängig. Zukünftig ist
daher ein Soll-Ist-Abgleich des Bearbeitungsergebnisses mittels Sensorik sowie eine
Rückführung des Messwerts zur Beeinflussung des Laserstrahlabtragprozesses in Form
einer Regelung anzustreben.

8 Literatur

[1] Bundesministerium für Umwelt, Naturschutz, Bau und Reaktorsicherheit (BMUB). *Übereinkommen der UN-Klimakonferenz 2015*, 2015. www.bmub.bund.de/file admin/Daten_BMU/Download_PDF/ Klimaschutz/paris_abkommen_bf.pdf , abgerufen am: 30. Mai 2017.

[2] Bundesministerium für Umwelt, Naturschutz, Bau und Reaktorsicherheit (BMUB). *Kyoto-Protokoll. 2. Verpflichtungsperiode (2013 bis 2020); Europäische Energie- und Klimaziele*, 2012. http://www.bmub.bund.de/themen/klima-energie/klima-schutz/internationale-klimapolitik/kyoto-protokoll/ , abgerufen am: 30. Mai 2017.

[3] Bundesministerium für Umwelt, Naturschutz, Bau und Reaktorsicherheit (BMUB). *Klimaschutzplan 2050 - Klimaschutzpolitische Grundsätze und Ziele der Bundes-regierung*, 2016. http://www.bmub. bund.de/fileadmin/Daten_BMU/Download_ PDF/Klimaschutz/klimaschutzplan_2050_bf.pdf , abgerufen am: 30. Mai 2017.

[4] Mattheck, C. *Design in Nature. Learning from Trees*. Berlin: Springer-Verlag, 1998.

[5] Emmelmann, C., M. Hillebrecht, W. Reul und J. Kranz. Laseradditive Fertigung von multi-funktionalen Komponenten. *Lightweight Design*, 2014, **7**(1), 46-51.

[6] Klein, B. *Leichtbau-Konstruktion*. Wiesbaden: Springer Fachmedien Wiesbaden, 2013.

[7] Suresh, R., S. Basavarajappa, V.N. Gaitonde, G. Samuel und J.P. Davim. State-of-the-art research in machinability of hardened steels. *Proceedings of the Institution of Mechanical Engineers, Part B: Journal of Engineering Manufacture*, 2013, **227**(2), 191-209.

[8] Gühring KG. *Windkraft. Werkzeuglösungen für alle Komponenten und alle Werkstoffe aus einer Hand*, 2012. http://www.guehring.de/pdf/Windkraft_2010_ de.pdf , abgerufen am: 14. Juni 2017.

[9] Biermann, D., H. Hartmann, I. Terwey, C. Merkel und D. Kehl. Turning of High-strength Bainitic and Quenched and Tempered Steels. *Procedia CIRP*, 2013, **7**, 276-281.

[10] Walter, A., A. Forbes und et al. *Spanende Bearbeitung von Leichtbauwerkstoffen*, e-mobil BW – Landesagentur für Elektromobilität und Brennstoffzellentechno-logie, 2012.

[11] Moeller, E. *Handbuch Konstruktionswerkstoffe. Auswahl, Eigenschaften, Anwen-dung*. München: Hanser, 2014.

[12] Klocke, F. und W. König. *Drehen, Fräsen, Bohren*. Berlin: Springer VDI, 2008.

[13] Paucksch, E. *Zerspantechnik*. Wiesbaden: Vieweg + Teubner, 1996.

[14] Everson, C. und P. Molian. Fabrication of polycrystalline diamond microtool using a Q-switched Nd. YAG laser. *The International Journal of Advanced Manufactu-ring Technology*, 2009, **45**(5-6), 521-530.

© Springer-Verlag GmbH Deutschland, ein Teil von Springer Nature 2019
C. Daniel, *Laserstrahlabtragen von kubischem Bornitrid zur Endbearbeitung von Zerspanwerkzeugen*, Light Engineering für die Praxis, https://doi.org/10.1007/978-3-662-59273-1

[15] Fonda, P., K. Katahira, Y. Kobayashi und K. Yamazaki. WEDM condition parameter optimization for PCD microtool geometry fabrication process and quality improvement. *The International Journal of Advanced Manufacturing Technology*, 2012, **63**(9-12), 1011-1019.

[16] Pacella, M. Pulsed Laser Ablation (PLA) of ultra-hard structures: generation of damage-tolerant freeform surfaces for advanced machining applications. University of Nottingham, 2014.

[17] Dold, C., M. Henerichs, P. Gilgen und K. Wegener. Laser Processing of Coarse Grain Poly-crystalline Diamond (PCD) Cutting Tool Inserts using Picosecond Laser Pulses. *Physics Procedia*, 2013, **41**, 610-616.

[18] Kümmel, J., D. Braun, J. Gibmeier und J. Schneider, et al. Study on micro texturing of uncoated cemented carbide cutting tools for wear improvement and built-up edge stabilisation. *Journal of Materials Processing Technology*, 2015, **215**, 62-70.

[19] Warhanek, M., J. Pfaff, P. Martin und L. Schönbächler, et al. Geometry Optimization of Poly-crystalline Diamond Tools for the Milling of Sintered ZrO2. *Procedia CIRP*, 2016, **46**, 290-293.

[20] Warhanek, M., C. Walter, M. Hirschi und J. Boos, et al. Comparative analysis of tangentially laser-processed fluted polycrystalline diamond drilling tools. *Journal of Manufacturing Processes*, 2016, **23**, 157-164.

[21] Dold, C. Picosecond laser processing of diamond cutting edges. Eidgenössische Technische Hochschule Zürich, 2013.

[22] Walter, C. Conditioning of Hybrid Bonded CBN Tools with Short and Ultrashort Pulsed Lasers. Eidgenössische Technische Hochschule Zürich, 2014.

[23] Calderon Urbina, J.P., C. Emmelmann und C. Daniel. Variables search of ultrashort pulse laser ablation of cemented tungsten carbide. *Procedia Lane 2012*.

[24] Fritz, A.H. und G. Schulze. *Fertigungstechnik*. Berlin: Springer, 2012.

[25] Trent, E.M. und P.K. Wright. *Metal cutting*. Boston: Butterworth-Heinemann, 2000.

[26] Sobiyi, K., I. Sigalas, G. Akdogan und Y. Turan. Performance of mixed ceramics and CBN tools during hard turning of martensitic stainless steel. *The International Journal of Advanced Manufacturing Technology*, 2015, **77**(5-8), 861-871.

[27] Allock, A. *Seco Tools talks PCBN hard turning for automotive applications*, 2012. 3 Juni 2012, 12:00. http://www.machinery.co.uk/machinery-features/seco-tools-pcbn-hard-turning-automotive-applications/43006/S , abgerufen am: 29. Juni 2017.

[28] Kress, J. *Auswahl und Einsatz von polykristallinem kubischem Bornitrid beim Drehen, Fräsen und Reiben*. Essen: Vulkan-Verlag, 2007. Schriftenreihe des ISF. 41.

[29] Baik, M.-C. *Beitrag zur Zerspanbarkeit von Kobalthartlegierungen mit polykristallinem kubischen Bornitrid (PKB) beim Drehen*. Universität Dortmund, 1988.

[30] Fleming, M.A., C. Sweeney, T.J. Valentine und R. Simpkin. Werkstückrandzonenbeeinflussung beim Hartdrehen mit PKB. *Industrie Diamanten Rundschau*, 1999, **33**(1), 58-66.

[31] Liu, J., Y.K. Vohra, J.T. Tarvin und S.S. Vagarali. Cubic-to-rhombohedral transformation in boron nitride induced by laser heating. In situ Raman-spectroscopy studies. *Physical Review B*, 1995, **51**(13), 8591-8594.

[32] Zhang, W.J. und S. Matsumoto. Investigations of crystallinity and residual stress of cubic boron nitride films by Raman spectroscopy. *Physical Review B*, 2001, **63**(7), 2843.

[33] Sachdev, H., R. Haubner, H. Nöth und B. Lux. Investigation of the c-BN/h-BN phase trans-formation at normal pressure. *Diamond and Related Materials*, 1997, **6**(2-4), 286-292.

[34] Hunold, K. Hexagonales Bornitrid - ein ungewöhnlicher sonderkeramischer Werkstoff. *Fach-berichte für Metallbearbeitung (Fertigung, Maschinenbau, Konstruktionselemente)*, 1985, **62**(9-10), 527-529.

[35] Gibas, T. und L. Jaworska. Shock-treated boron nitride as a sintering aid for c-BN compacting under high pressure. *International Journal of Refractory Metals and Hard Materials*, 1997, **15**(1-3), 57-60.

[36] Vel, L., G. Demazeau und J. Etourneau. Cubic boron nitride. Synthesis, physicochemical properties and applications. *Materials Science and Engineering: B*, 1991, **10**(2), 149-164.

[37] Schwetz, K.A., K. Reinmuth und A. Lipp. Herstellung und industrielle Anwendung refraktiver Borverbindungen. *Radex Rundschau*, 1981, **3**, 568-585.

[38] Pease, R. An X-ray study of boron nitride. *Acta Crystallographica*, 1952, **5**(3), 356-361.

[39] Solozhenko, V.L. Current trends in the phase diagram of boron nitride. *Journal of Hard Materials*, 1995, **6**(2), 51-65.

[40] Bogorodski, E.S. Machining intractable steels with polycristalline boron-nitride tipped tools. *Russian Engineering Journal*, 1972, **52**, 60-63.

[41] Zhang, W.J., Y.M. Chong, I. Bello und S.T. Lee. Nucleation, growth and characterization of cubic boron nitride (cBN) films. *Journal of Physics D: Applied Physics*, 2007, **40**(20), 6159-6174.

[42] Agui, A., S. Shin, M. Fujisawa und Y. Tezuka, et al. Resonant soft-x-ray emission study in relation to the band structure of cBN. *Physical Review B*, 1997, **55**(4), 2073-2078.

[43] Diamond Innovations. *Datenblatt PCBN*, 2016. http://myaccount.diamondinnovations.com/en/product/mbs/bzn/down/DI%20BZN%20All%20Products.pdf, abgerufen am: 13. Juni 2017.

[44] ILJIN. *Datenblatt PCBN*, 2017 http://www.iljindiamond.com/eng/pr/catalogue.jsp, abgerufen am: 20. Mai 2017.

[45] Tigra. *Datenblatt PCBN*, 2017. http://www.tigra.de/fileadmin/user_upload/PDF/Metallkatalog202015/PcBN.pdf, abgerufen am: 13. Juni 2017.

[46] Element 6. *Datenblatt PCBN*, 2017. http://www.e6.com/wps/wcm/connect/E6_Metalworking_A4_English_R5_VIZ.pdf, abgerufen am: 20. Mai 2017.

[47] Hooper, R.M., M.-O. Guillou und J.L. Henshall. Indentation Studies on cBN-TiC Composites. *Journal of Hard Materials*, 1991, **2**(3-4), 223-231.

[48] Takatsu, S., H. Shimoda und K. Otani. Effects of CBN content on the cutting performance of polycrystalline CBN tools. *International Journal of Refractory Metals and Hard Materials*, 1983, **2**(4), 175-178.

[49] Uesaka, S. und H. Sumiya. Mechanical properties and cutting performances of high purity polycrystalline CBN compact. *ASME Manufacturing Science and Engineering International Mechanical Engineering Congress and Exhibition*, 1999.

[50] Novikov, N.V., Y.V. Sirota, V.I. Malnev und I.A. Petrusha. Mechanical properties of diamond and cubic BN at different temperatures and deformation rates. *Diamond and Related Materials*, 1993, **2**(9), 1253-1256.

[51] DeVries, R.C. *Cubic Boron Nitride: Handbook of Properties:* General Electric Company, 1972.

[52] Wang, Y., P. Molian und P. Shrotriya. Crack separation mechanism in CO2 laser machining of thick polycrystalline cubic boron nitride tool blanks. *The International Journal of Advanced Manufacturing Technology*, 2014, **70**(5-8), 1009-1022.

[53] Smith, G.T. *Cutting Tool Technology. Industrial Handbook.* London: Springer, 2008.

[54] De Souza, Dilson José Aguiar, W.L. Weingaertner, R.B. Schroeter und C.R. Teixeira. Influence of the cutting edge micro-geometry of PCBN tools on the flank wear in orthogonal quenched and tempered turning M2 steel. *Journal of the Brazilian Society of Mechanical Sciences and Engineering*, 2014, **36**(4), 763-774.

[55] Heisel, U., F. Klocke, E. Uhlmann und G. Spur. *Handbuch Spanen.* München: Hanser, 2014.

[56] Kötter, D. *Herstellung von Schneidkantenverrundungen und deren Einfluss auf das Einsatzverhalten von Zerspanwerkzeugen.* Essen: Vulkan-Verlag, 2006. Schriften-reihe des ISF. 36.

[57] Cortés Rodríguez, C.J. *Cutting edge preparation of precision cutting tools by applying micro-abrasive jet machining and brushing.* Kassel: Kassel University Press, 2009.

[58] Tikal, F. und R. Bienemann. *Schneidkantenpräparation. Ziele, Verfahren und Messmethoden; Berichte aus Industrie und Forschung.* Kassel: Kassel University Press, 2009.

[59] Denkena, B., J. Köhler und C. Ventura. Grinding of PCBN cutting inserts. *International Journal of Refractory Metals and Hard Materials*, 2014, **42**, 91-96.

[60] Daniel, C., S. Ostendorf, S. Hallmann und C. Emmelmann. Picosecond laser processing of polycrystalline cubic boron nitride. A method to examine the ablation behavior of a high cubic boron nitride content grade material. *Journal of Laser Applications*, 2016, **28**(1), 12001.

[61] Denkena, B. und H.K. Tönshoff. *Spanen. Grundlagen.* Berlin, Heidelberg: Springer VDI, 2011.

[62] Fuss, D. Warmgeformte hochfeste Stähle für Leichtbau und Crashsicherheit. *MaschinenMarkt*, 2012, (41).

[63] Okada, M., A. Hosokawa, R. Tanaka und T. Ueda. Cutting performance of PVD-coated carbide and CBN tools in hardmilling. *International Journal of Machine Tools and Manufacture*, 2011, **51**(2), 127-132.

[64] Angseryd, J. und H.-O. Andrén. An in-depth investigation of the cutting speed impact on the degraded microstructure of worn PCBN cutting tools. *Wear*, 2011, **271**(9-10), 2610-2618.

[65] Cui, X., J. Zhao und Y. Dong. The effects of cutting parameters on tool life and wear mechanisms of CBN tool in high-speed face milling of hardened steel. *The International Journal of Advanced Manufacturing Technology*, 2013, **66**(5-8), 955-964.

[66] Dogra, M., V.S. Sharma, A. Sachdeva, N.M. Suri und J.S. Dureja. Performance evaluation of CBN, coated carbide, cryogenically treated uncoated/coated carbide inserts in finish-turning of hardened steel. *The International Journal of Advanced Manufacturing Technology*, 2011, **57**(5-8), 541-553.

[67] M'Saoubi, R., M.P. Johansson und J.M. Andersson. Wear mechanisms of PVD-coated PCBN cutting tools. *Wear*, 2013, **302**(1-2), 1219-1229.

[68] Yallese, M.A., J.-F. Rigal, K. Chaoui und L. Boulanouar. The effects of cutting conditions on mixed ceramic and cubic boron nitride tool wear and on surface roughness during machining of X200Cr12 steel (60 HRC). *Proceedings of the Institution of Mechanical Engineers, Part B: Journal of Engineering Manufacture*, 2005, **219**(1), 35-55.

[69] Wegener, K., C. Dold, M. Henerichs und C. Walter. Laser Prepared Cutting Tools. *Physics Procedia*, 2012, **39**, 240-248.

[70] Dold, C., M. Henerichs, L. Bochmann und K. Wegener. Comparison of Ground and Laser Machined Polycrystalline Diamond (PCD) Tools in Cutting Carbon Fiber Reinforced Plastics (CFRP) for Aircraft Structures. *Procedia CIRP*, 2012, **1**, 178-183.

[71] Kaakkunen, J., M. Silvennoinen, K. Paivasaari und P. Vahimaa. Water-Assisted Femtosecond Laser Pulse Ablation of High Aspect Ratio Holes. *Physics Procedia*, 2011, **12**, 89-93.

[72] Brecher, C., M. Emonts, J.-P. Hermani und T. Storms. Laser Roughing of PCD. *Physics Procedia*, 2014, **56**, 1107-1114.

[73] Norm DIN ISO 1832:2017-06. Wendeschneidplatten für Zerspanwerkzeuge, 2017.

[74] Scanlab AG. *Datenblatt Scanlab HurryScan II*, 2013. http://www.scanlab.de/sites/default/files/pdf-dateien/produktblaetter/scan-systeme/hurryscan_scanengine_de.pdf, abgerufen am: 15. Juni 2013.

[75] Ewag Ag. *Datenblatt Ewag Laserline*, 2012. https://cdn.ewag.com/fileadmin/content/www.walter-machines.com/02_pdf/Literatur/Ewag_Laser_Line/Laser_Line_deutsch_01.pdf, abgerufen am: 30. Mai 2012.

[76] Breidenstein, B., B. Denkena und B. Bergmann. Laser preparation of cBN inserts and its effect on tool surface integrity and tool life. *Austria Hard Materials and Diamond Tools, Euro PM 2014 Congress & Exhibition - Salzburg*, 2014.

[77] Breidenstein, B., B. Denkena, B. Bergmann und A. Krödel. Laser material removal on cutting tools from different materials and its effect on wear behavior. *Metal Powder Report*, 2016.

[78] Walter, C., M. Rabiey, M. Warhanek, N. Jochum und K. Wegener. Dressing and truing of hybrid bonded CBN grinding tools using a short-pulsed fibre laser. *CIRP Annals - Manufacturing Technology*, 2012, **61**(1), 279-282.

[79] Walter, C., T. Komischke, E. Weingärtner und K. Wegener. Structuring of CBN Grinding Tools by Ultrashort Pulse Laser Ablation. *Procedia CIRP*, 2014, **14**, 31-36.

[80] Kawasegi, N., H. Sugimori, H. Morimoto, N. Morita und I. Hori. Development of cutting tools with microscale and nanoscale textures to improve frictional behavior. *Precision Engineering*, 2009, **33**(3), 248-254.

[81] Obikawa, T., A. Kamio, H. Takaoka und A. Osada. Micro-texture at the coated tool face for high performance cutting. *International Journal of Machine Tools and Manufacture*, 2011, **51**(12), 966-972.

[82] Sugihara, T. und T. Enomoto. Development of a cutting tool with a nano/micro-textured surface -. Improvement of anti-adhesive effect by considering the texture patterns. *Precision Engineering*, 2009, **33**(4), 425-429.

[83] Sugihara, T. und T. Enomoto. Improving anti-adhesion in aluminum alloy cutting by micro stripe texture. *Precision Engineering*, 2012, **36**(2), 229-237.

[84] Xing, Y., J. Deng, Z. Wu und H. Cheng. Effect of regular surface textures generated by laser on tribological behavior of Si3N4/TiC ceramic. *Applied Surface Science*, 2013, **265**, 823-832.

[85] Luo, K.Y., C.Y. Wang, Y.M. Li und M. Luo, et al. Effects of laser shock peening and groove spacing on the wear behavior of non-smooth surface fabricated by laser surface texturing. *Applied Surface Science*, 2014, **313**, 600-606.

[86] Xing, Y., J. Deng, X. Feng und S. Yu. Effect of laser surface texturing on Si3N4/TiC ceramic sliding against steel under dry friction. *Materials & Design (1980-2015)*, 2013, **52**, 234-245.

[87] Leitz, K.-H., B. Redlingshöfer, Y. Reg, A. Otto und M. Schmidt. Metal Ablation with Short and Ultrashort Laser Pulses. *Physics Procedia*, 2011, **12**, 230-238.

[88] Kordt, J.M. Konturnahes Laserstrahlstrukturieren für Kunststoffspritzgießwerkzeuge. Rheinisch-Westfälische Technische Hochschule Aachen, 2007.

[89] Siegel, F. Abtragen metallischer Werkstoffe mit Pikosekunden-Laserpulsen für Anwendungen in der Strömungsmechanik. Universität Hannover, 2011.

[90] Lorenz, A., C. Emmelmann und W. Hintze. *Analyse des Laserstrahlabtragens für den wirtschaftlichen Einsatz im Werkzeug- und Formenbau.* Göttingen: Cuvillier, 2009. Schriftenreihe Laser-technik. 3.

[91] Hallmann, S., R. Nodop, C. Daniel und M. Weppler, et al. Improvement of the adhesion between CoCr and dental ceramics by laser surface structuring. *Lasers in Manufacturing Conference*, 2015.

[92] Naessens, K., P. Van Daele und R. Baets. Flexible fabrication of microlenses in polymer layers with excimer laser ablation. *Applied Surface Science*, 2003.

[93] Völkermeyer, F. Selektiver Materialabtrag auf Dünnschichtsystemen mittels direktschreibender UV-Laserstrahlung. Universität Hannover, 2012.

[94] Klocke, F. und W. König. *Abtragen, Generieren und Lasermaterialbearbeitung.* Berlin: Springer VDI, 2007.

[95] Koch, J. Laserendbearbeitung metallischer Werkstoffe. *Universität Ilmenau,* 2011.

[96] Weber, P. Steigerung der Prozesswiederholbarkeit mittels Analyse akustischer Emissionen bei der Mikrolaserablation mit UV-Pikosekundenlasern. *Karlsruher Institut für Technologie,* 2014.

[97] Hügel, H. und T. Graf. *Laser in der Fertigung. Strahlquellen, Systeme, Fertigungsverfahren:* Vieweg + Teubner, 2009.

[98] Ho, C.-C., Y.-J. Chang, J.-C. Hsu, C.-M. Chiu und C.-L. Kuo. Optical emission monitoring for defocusing laser percussion drilling. *Measurement,* 2016, **80**, 251-258.

[99] Chang, G. und Y. Tu. An effective focusing setting in femtosecond laser multiple pulse ablation. *Optics & Laser Technology,* 2013, **54**, 30-34.

[100] Chang, G. und Y. Tu. The threshold intensity measurement in the femtosecond laser ablation by defocusing. *Optics and lasers in engineering,* 2012, **50**(5), 767-772.

[101] Gao, W., S. Zhao, F. Liu und Y. Wang, et al. Effect of defocus manner on laser cladding of Fe-based alloy powder. *Surface and Coatings Technology,* 2014, **248**, 54-62.

[102] Wang, W., X. Mei, G. Jiang, S. Lei und C. Yang. Effect of two typical focus positions on micro-structure shape and morphology in femtosecond laser multi-pulse ablation of metals. *Applied Surface Science,* 2009, **255**(5), 2303-2311.

[103] Weikert, M. *Oberflächenstrukturieren mit ultrakurzen Laserpulsen.* München: Utz Verlag, 2006. Laser in der Materialbearbeitung - Forschungsberichte des IFSW.

[104] Diego-Vallejo, D., D. Ashkenasi und H.J. Eichler. Monitoring of Focus Position During Laser Processing based on Plasma Emission. *Physics Procedia,* 2013, **41**, 911-918.

[105] Läßiger, B. *Kontrollierter Formabtrag durch Sublimation mittels Laserstrahlung.* Aachen: Shaker, 1995. Berichte aus der Lasertechnik.

[106] Ohata, M., Y. Iwasaki, N. Furuta und I.B. Brenner. Studies on laser defocusing effects on laser ablation inductively coupled plasma-atomic emission spectrometry using emission signals from a laser-induced plasma. *Spectrochimica Acta Part B: Atomic Spectroscopy,* 2002, **57**(11), 1713-1725.

[107] Campanelli, S.L., G. Casalino, N. Contuzzi und A.D. Ludovico. Taguchi Optimization of the Surface Finish Obtained by Laser Ablation on Selective Laser Molten Steel Parts. *Procedia CIRP,* 2013, **12**, 462-467.

[108] Temmler, A., E. Willenborg und K. Wissenbach. Design Surfaces by Laser Remelting. *Physics Procedia,* 2011, **12**, 419-430.

[109] Rosa, B., P. Mognol und J.-y. Hascoët. Laser polishing of additive laser manufacturing surfaces. *Journal of Laser Applications,* 2015, **27**(S2), S29102.

[110] Daniel, C., J. Manderla, S. Hallmann und C. Emmelmann. Influence of an Angular Hatching Exposure Strategy on the Surface Roughness During Picosecond Laser Ablation of Hard Materials. *Physics Procedia*, 2016, **83**, 135-146.

[111] Hallmann, S., P. Glockner, C. Daniel, V. Seyda und C. Emmelmann. Manufacturing of Medical Implants by Combination of Selective Laser Melting and Laser Ablation. *Lasers in Manufacturing and Materials Processing*, 2015, **2**(3), 124-134.

[112] Eberle, G. und K. Wegener. Ablation Study of WC and PCD Composites Using 10 Picosecond and 1 Nanosecond Pulse Durations at Green and Infrared Wavelengths. *Physics Procedia*, 2014, **56**, 951-962.

[113] Latscha, H.P. und M. Mutz. *Chemie der Elemente.* Berlin, Heidelberg: Springer, 2011.

[114] Schulze, V. und P. Weber. Precise ablation milling with ultrashort pulsed Nd:YAG lasers by optical and acoustical process control. *Proceedings of SPIE*, 2010, **7585**, 75850J.

[115] Neef, A., V. Seyda, D. Herzog und C. Emmelmann, et al. Low Coherence Interferometry in Selective Laser Melting. *Physics Procedia*, 2014, **56**, 82-89.

[116] Stafe, M., A. Marcu und N.N. Puscas. *Pulsed Laser Ablation of Solids. Basics, Theory and Applications.* Berlin, Heidelberg: Springer, 2014. Springer Series in Surface Sciences. 53.

[117] Dirscherl, M. *Ultrakurzpulslaser - Grundlagen und Anwendungen.* Erlangen: BLZ Bayerisches Laserzentrum, 2005.

[118] Sugioka, K., M. Meunier und A. Piqué. *Laser Precision Microfabrication.* Berlin, Heidelberg: Springer, 2010. Springer Series in Materials Science. 135.

[119] Vaidyanathan, A., T. Walker und A. Guenther. The relative roles of avalanche multiplication and multiphoton absorption in laser-induced damage of dielectrics. *IEEE Journal of Quantum Electronics*, 1980, **16**(1), 89-93.

[120] Perry, M.D., B.C. Stuart, P.S. Banks und M.D. Feit, et al. Ultrashort-pulse laser machining of dielectric materials. *Journal of Applied Physics*, 1999, **85**(9), 6803-6810.

[121] Stuart, B.C., M.D. Feit, S. Herman und A.M. Rubenchik, et al. Nanosecond-to-femtosecond laser-induced breakdown in dielectrics. *Physical Review B*, 1996, **53**(4), 1749-1761.

[122] Itina, T.E., O. Utéza, N. Sanner und M. Sentis. Ultra-short laser interaction with metals and optical multi-layer materials: transport phenomena and damage thresholds. *Proceedings of SPIE*, 2008, **7005**, 70050N.

[123] Shirk, M.D. Computer modeling of ultrashort pulsed laser ablation of diamond and graphite with experimental verification. *Iowa State University*, 1999.

[124] Chichkov, B.N., C. Momma, S. Nolte, F. Alvensleben und A. Tünnermann. Femto-second, pico-second and nanosecond laser ablation of solids. *Applied Physics A Materials Science & Processing*, 1996, **63**(2), 109-115.

[125] Schaeffer, R.D. *Fundamentals of laser micromachining.* Boca Raton: CRC Press, 2012.

[126] Fu, Z., B. Wu, Y. Gao, Y. Zhou und C. Yu. Experimental study of infrared nano-second laser ablation of silicon. The multi-pulse enhancement effect. *Applied Surface Science*, 2010, **256**(7), 2092-2096.

[127] Hirayama, Y. und M. Obara. Ablation characteristics of cubic-boron nitride ceramic with femto-second and picosecond laser pulses. *Journal of Applied Physics*, 2001, **90**(12), 6447-6450.

[128] Meijer, J., K. Du, A. Gillner und D. Hoffmann, et al. Laser Machining by short and ultrashort pulses, state of the art and new opportunities in the age of the photons. *CIRP Annals - Manufacturing Technology*, 2002, **51**(2), 531-550.

[129] Breitling, D., A. Ruf und F. Dausinger. Fundamental aspects in machining of metals with short and ultrashort laser pulses. *Proceedings of SPIE*, 2004, **5339**.

[130] Dausinger, F., H. Hügel und V.I. Konov. Micromachining with ultrashort laser pulses: from basic understanding to technical applications. *Proceedings of SPIE*, 2003, **5147**, 106-115.

[131] Zhang, G.F., B. Zhang, Z.H. Deng und J.F. Chen. An Experimental Study on Laser Cutting Mechanisms of Polycrystalline Diamond Compacts. *CIRP Annals - Manufacturing Technology*, 2007, **56**(1), 201-204.

[132] Lauer, B., B. Jäggi und B. Neuenschwander. Influence of the Pulse Duration onto the Material Removal Rate and Machining Quality for Different Types of Steel. *Physics Procedia*, 2014, **56**, 963-972.

[133] Schille, J., L. Schneider, U. Löschner, R. Ebert und H. Exner. Mikrostrukturierung mit hoch-repetierender fs-Laserstrahlung. *Lasermagazin*, 2009, (5/6).

[134] Neuenschwander, B., B. Jaeggi, M. Schmid und G. Hennig. Surface Structuring with Ultra-short Laser Pulses. Basics, Limitations and Needs for High Throughput. *Physics Procedia*, 2014, **56**, 1047-1058.

[135] Tönshoff, H., A. Ostendorf, C. Kulik und F. Siegel. Finishing of Cutting Tools using Selective Material Ablation. *Proceedings of the 1st International CIRP Seminar on Micro and Nano Technology*, 2003, 77-80.

[136] Wu, Z., A.A. Melaibari, P. Molian und P. Shrotriya. Hybrid CO2 laser/waterjet (CO2-LWJ) cutting of Polycrystalline Cubic Boron Nitride (PCBN) blanks with phase transformation induced fracture. *Optics & Laser Technology*, 2015, **70**, 39-44.

[137] Bloshchanevich, A.M., A.V. Bochko und V.V. Pasichnyi. Laser Cutting of Diamond-Based Materials and Dense Modifications of Boron Nitride. *Powder Metallurgy and Metal Ceramics*, 2004, **43**(3/4), 150-155.

[138] Suzuki, D., F. Itoigawa, K. Kawata und T. Nakamura. Using Pulse Laser Processing to Shape Cutting Edge of PcBN Tool for High-Precision Turning of Hardened Steel. *International Journal of Automation Technology*, 2013, **7**(3), 337-344.

[139] Yung, K.C., G.Y. Chen und L.J. Li. The laser dressing of resin-bonded CBN wheels by a Q-switched Nd. YAG laser. *The International Journal of Advanced Manufacturing Technology*, 2003, **22**(7-8), 541-546.

[140] Rabiey, M., C. Walter, F. Kuster und J. Stirnimann, et al. Dressing of Hybrid Bond CBN Wheels Using Short-Pulse Fiber Laser. *Strojniški vestnik – Journal of Mechanical Engineering*, 2012, **58**(7-8), 462-469.

[141] Amer, E., P. Gren und M. Sj?dahl. Shock wave generation in laser ablation studied using pulsed digital holographic interferometry. *Journal of Physics D: Applied Physics,* 2008, **41**(21), 215502.

[142] Walter, C., T. Komischke, F. Kuster und K. Wegener. Laser-structured grinding tools. Generation of prototype patterns and performance evaluation. *Journal of Materials Processing Technology,* 2014, **214**(4), 951-961.

[143] Klein, B. *Versuchsplanung - DoE. Einführung in die Taguchi / Shainin-Methodik.* München: De Gruyter Oldenbourg, 2014.

[144] Kleppmann, W. *Versuchsplanung.* München: Hanser, 2016.

[145] Pfeifer, T. *Quality Management.* München: Hanser, 2002.

[146] Lopez, J., G. Mincuzzi, R. Devillard und Y. Zaouter, et al. Ablation efficiency of high average power ultrafast laser. *Journal of Laser Applications,* 2015, **27**(S2), S28008.

[147] Fadeeva, E., S. Schlie, J. Koch, A. Ngezahayo und B.N. Chichkov. The hydrophobic properties of femtosecond laser fabricated spike structures and their effects on cell proliferation. *physica status solidi (a),* 2009, **206**(6), 1348-1351.

[148] Gentech. *Datenblatt UP55G,* 2014. http://gentec-eo.com/Content/downloads/specifications-sheet/UP55-HD_2017_V1.0.pdf, abgerufen am: 14. Juli 2017.

[149] Primes. *Dokumentation MicroSpotMonitor,* 2014. https://www.primes.de/de/produkte/strahl verteilung/fokusvermessung/microspotmonitor-msm.html?file=files/userFiles/downloads/hand buecher-anleitungen20DE/msm-betriebsanleitung.pdf, abgerufen am: 14. Juli 2017.

[150] Norm DIN EN ISO 11146-1:2005. Laser und Laseranlagen – Prüfverfahren für Laserstrahlabmessungen, Divergenzwinkel und Beugungsmaßzahlen, 2005.

[151] Keyence. *Dokumentation Konfokalmikroskop VK-8710,* 2014. http://www.keyence.com/products/ microscope/laser-microscope/vk-8700_9700_generationii/models/vk-8710k/index.jsp, abgerufen am: 14. Juli 2017.

[152] Norm DIN EN ISO 4287:2010. Geometrische Produktspezifikation (GPS) - Oberflächenbeschaffenheit: Tastschnittverfahren, 2010.

[153] Norm DIN EN ISO 25178:2013. Geometrische Produktspezifikation (GPS) - Oberflächenbeschaffenheit: Flächenhaft, 2013.

[154] Abrahams Premium Stahl. *Datenblatt 100Cr6,* 2017. www.premium-stahl.de/images/filedownloads/de/datenblaetter/1.2067.pdf, abgerufen am: 8. Juni 2017.

[155] VDI-Richtlinie 2225. Konstruktionsmethodik - Technisch-wirtschaftliches Konstruieren - Technisch-wirtschaftliche Bewertung, 1998.

[156] Feldhusen, J. und K.-H. Grote. *Pahl/Beitz Konstruktionslehre. Methoden und Anwendung erfolgreicher Produktentwicklung.* Berlin: Springer Vieweg, 2013.

[157] Coherent Inc. / Lumera Laser. *Datenblatt Pikosekundenlaser Hyper Rapid 50,* https://www. coherent.com/lasers/laser/hyper-rapid, abgerufen am: 30. Mai 2012.

[158] Penttilä, R., H. Pantsar und P. Laakso. Picosecond Laser Processing – Material Removal Rates Of Metals. 11th NOLAMP Conference in Laser Processing of Materials, Lappeenranta, 2007.

[159] Siegel, F., U. Klug und R. Kling. Extensive Micro-Structuring of Metals using Picosecond Pulses – Ablation Behavior and Industrial Relevance. *Journal of Laser Micro/Nanoengineering*, 2009, **4**(2), 104-110.

[160] Weber, R., T. Graf, P. Berger und V. Onuseit, et al. Heat accumulation during pulsed laser materials processing. *Optics express*, 2014, **22**(9), 11312-11324.

[161] Bungartz, H.-J., S. Zimmer, M. Buchholz und D. Pflüger. *Modellbildung und Simulation. Eine anwendungsorientierte Einführung*. Berlin: Springer Spektrum, 2013.

[162] Gomes, D.R., S. Hallmann, C. Daniel und M. Fredel, et al. Surface morphology and fracture strength analysis of nanosecond ablated alumina. *Journal of the Ceramic Society of Japan*, 2015, **123**(1435), 160-166.

[163] Hartmetall-Gesellschaft Bingmann. *Datenblatt Hartmetall KXF*, 2016. https://www.hmtg.de/information/Product%20Specification%20KXF.pdf , abgerufen am: 14. Juni 2017.

[164] Kummer GmbH. *Datenblatt Präzisionsdrehmaschine K200*, 2017. http://www.kummer-precision.ch/images/produit/pdf_catalogue_K2009045/kum_K2009045_ang.pdf , abgerufen am: 9. Juni 2017.

[165] Norm DIN ISO 3685:1993. Tool-life testing with single-ponit turnign tools, 1993.

[166] Denkena, B. und P. Baumann. *Lasertechnologie für die Generierung und Messung der Mikrogeometrie an Zerspanwerkzeugen. Ergebnisbericht des BMBF Verbundprojektes GEOSPAN*. Garbsen: PZH Produktionstechnisches Zentrum, 2005.

[167] Dogra, M., V.S. Sharma, A. Sachdeva, N.M. Suri und J.S. Dureja. Tool wear, chip formation and workpiece surface issues in CBN hard turning. A review. *International Journal of Precision Engineering and Manufacturing*, 2010, **11**(2), 341-358.

[168] Chryssolouris, G., N. Anifantis und S. Karagiannis. Laser Assisted Machining. An Overview. *Journal of Manufacturing Science and Engineering*, 1997, **119**(4B), 766.

Im Rahmen der vorliegenden Arbeit wurden folgende studentischen Arbeiten angefertigt:

- Axen, R.; Evaluation of edge geometry and surface texture using laser ablation on cBN cutting tools for hard turning; TU Hamburg-Harburg; 2016

- Bendt, H.; Konzipierung eines Abtragmodells zur Darstellung des Einflusses der relativen Bewegung des Werkstückes auf die Belichtungsstrategie; TU Hamburg-Harburg, Fachhochschule Stralsund; 2014

- Jeurink, B.; Einfluss variierender Schraffurwinkel auf die Bearbeitungsqualität beim Laserstrahlabtragen; TU Hamburg-Harburg, Leuphana Universität Lüneburg; 2014

- Kunkel, F.; Experimentelle Untersuchung von Prozessparametern zur Oberflächenablation mittels Pikosekundenlaser am Beispiel der hochharten Schneidstoffe Hartmetall und PcBN; TU Hamburg-Harburg; 2015

- Manderla, J.; Einflüsse einer Belichtungsstrategie mit Winkelversatz auf die Bearbeitungsqualität bei der Oberflächenablation von Hartstoffen mittels Pikosekundenlaser; TU Hamburg-Harburg; 2015

- Niesen, N.; Methodische Auswahl und Bearbeitung eines Schneidstoffs mit gepulster Laserstrahlung im Pikosekundenbereich; TU Hamburg-Harburg; 2015

- Ostendorf, S.; Laserstrahlabtragen von polykristallinem kubischen Bornitrid mittels Pikosekundenlaser zur Endbearbeitung von Zerspanwerkzeugen; TU Hamburg-Harburg; 2014

- Ostendorf, S.; Vergleich des Laserstrahlabtragverhaltens von hochgradigem polykristallinen kubischen Bornitrid mittels Nano- und Pikosekundenlaser; TU Hamburg-Harburg; 2016

- Vargas Luft, L.; Einfluss der Fokuslage auf das Abtragverhalten von polykristallinem kubischem Bornitrid; TU Hamburg-Harburg; 2016

- Wilker, L.; Sensitivitätsanalyse zur Verifikation eines Abtragmodells für die Materialbearbeitung mit Ultrakurspulslasern; TU Hamburg-Harburg; 2015